チョウ目 マダラガ科
シロウスバ
Elcysma westwoodii

カマキリ目 カマキリ科
ヒナカマキリ
Amantis nawai

カマキリ目 カマキリ科
コカマキリ
Statilia maculata

カマキリ目 カマキリ科
ハラビロカマキリ
Hierodula patellifera

カマキリ目 ヒメカマキリ科
ヒメカマキリ
Acromantis japonica

ハエ目 アブ科
シロフアブ
Tabanus trigeminus

ハエ目 ムシヒキアブ科
シオヤアブ
Promachus yesonicus

カマキリ目 カマキリ科
チョウセンカマキリ
Tenodera angustipennis

カマキリ目 カマキリ科
オオカマキリ
Tenodera aridifolia

チョウ目 ドクガ科
マイマイガ
Lymantria dispar

卵のう・卵塊コレクション

多数の卵をまとめて産卵し、そのままむき出しのこともあるが、とくに卵越冬の種では、メス親が泡状の物質で包んだり、毛束で覆ったりと、寒さや乾燥に耐える工夫がされている。クモ類では糸で綴った袋で卵を保護し、袋の形状で種類がわかる。

クモ目 ジョロウグモ科
ジョロウグモ
Nephila clavata

クモ目 コガネグモ科
ナガコガネグモ
Argiope bruennichi

クモ目 アシダカグモ科
アシダカグモ
Heteropoda venatoria

クモ目 コガネグモ科
コガネグモ
Argiope amoena

クモ目 ナガナワグモ科
オオトリノフンダマシ
Cyrtarachne inaequalis

クモ目 ヒメグモ科
カグモ
Rhomphaea cylindrogaster

クモ目 コガネグモ科
オニグモ
Araneus ventricosus

クモ目 ナガナワグモ科
トリノフンダマシ
Cyrtarachne bufo

the field guide to signs and works of insects in japan

虫のしわざ
観察ガイド

新開 孝　文・写真

文一総合出版

「しわざ」を見て、虫を知る

野山はいうまでもなく、都会の中でも公園や街路樹、神社、庭など、気をつければ虫はどこにでもいる。ただし、虫はどれも小さい上に、様々な隠れ術を心得ている。また季節の移ろいに合わせて、卵→幼虫→蛹→成虫と、めまぐるしく変態を行う。

見たい、知りたいと願っても、虫の姿を直接観察できるチャンスは限られる。せっかく休日を利用して出かけた野山で「お目当ての虫がいなかった」という経験や、あるいは身近な公園で「ここには虫が少ないなあ」と感じることなど、少なからずあるのではないだろうか。

しかし、小さな虫たちも生きて行く上で様々な痕跡や造形物などを残す。虫の姿はなくても、その痕跡や造形物、つまり「虫のしわざ」に注目すれば、虫の隠れ場所や、そこにどんな虫がいたのかが垣間見える。見えない虫を探し当てるだけでなく、生活の様子、虫と深い関わりのある植物など、自然観察の視野を広げていけるのが、「虫のしわざ観察」なのである。

目次

- ●本書の特徴・凡例……2

- ●虫のしわざって何だろう?……3
- ●虫のしわざが見つかる場所……3
- ●虫のしわざ いろいろ……4
- ●虫のしわざ 調べる……6
- ●虫のしわざ 観察道具……6
- ●虫のしわざ 記録しよう……6
- ●本書に登場する主な虫のしわざ……7

- ■草花で見つかる虫のしわざ……12
- ■タケ・ササで見つかる虫のしわざ……46
- ■樹木で見つかる虫のしわざ……60
- ■地面や崖で見つかる虫のしわざ……126
- ■水辺で見つかる虫のしわざ……134
- ■人工物で見つかる虫のしわざ……138

- ●索引……142
- ●参考文献……143

本書の特徴・凡例

本書では、主に街中や里山環境で観察できるしわざと、多種多様なしわざを紹介することを重視して種を選びました。詳しく解説をした約110種のしわざの他に、見返しなどに掲載した種を含めると、約200種の虫のしわざを紹介しています。

- 虫のしわざの種類とヌシの種名、しわざの解説
  - 虫のしわざが見られる時期
  - 虫のしわざが見られる地域

- 虫のしわざのヌシの分類や学名、種の解説
  - ●ヌシのステージ
    - 幼 幼虫　蛹 蛹　成 成虫

- コラム
  - 虫のしわざの知識を広げるための情報

虫のしわざって何だろう？

　哺乳類や野鳥が残した足跡や食痕、フンなどの生活痕は、フィールドサインと呼ばれる。虫の観察でも同じく、フィールドサインといってもいいのだが、虫の生活痕には野生動物とはいささか違う面が多い。例えば、複雑で巧妙な構造をした巣や、工芸品のような繭などを建築したり、紡いだりする。人間顔負けの「極みの技」が生活痕に見いだせる。

　一方、虫の生活痕は人の生活圏にも深く入り込んでいて、「迷惑な害虫」として見るとき、「しわざ」という表現が使われる。

フィールドサインという用語を使わず、あえて「虫のしわざ」としたのは、親密度や呼びやすさ、そして昆虫観察を気軽に楽しもうよ、という本書のねらいも込めている。

食い荒らされたキャベツと、モンシロチョウの幼虫

虫のしわざが見つかる場所

　本書では、主に「里山」という自然環境で見つかる虫のしわざを紹介する。ただし、虫のしわざはもっと身近な、庭や近所の公園、街路樹や植え込み、神社など、わずかな植生環境であってもかならず見つかる。よほど消毒などがほどこされていない限り街中でも「しわざ」探しができるので、自然の濃い里山環境と高望みする前に、まずは近くて通いやすい、公園や神社などのマイフィールドに足を運んでみることをおすすめする。

公園

ある程度の植樹や草むらがあれば、1年中通って、虫のしわざを探せる。ササ薮もあればなおさらいい

雑木林

山の麓や郊外に残された雑木林は、虫の宝庫だ。虫のしわざに溢れている。あまり手入れがされず、荒れ放題の林は歩きづらい上に意外と虫は少ない

河川・池

水辺の植物や水草で虫のしわざが見つかる。水底に暮らすコバントビケラの一種（p.137）などは、すくうための水網が必要

虫のしわざいろいろ

虫は種類が多いだけあって、そのしわざも千差万別。しかも同じ種類の虫でも成虫か幼虫かで、しわざの形、場所、時期も違ってくる。しわざを見るときは、そうした虫の成長段階も頭に入れておくといいだろう。

食痕

もっとも見つけやすく、目立つ虫のしわざは、葉に残った食痕。大きさ、形、数、植物の種類などの違いをしっかり観察してみよう。葉以外にも、茎、木の枝、幹、果実など、虫の餌になるところすべてに食痕は残る。

巣

葉を折り曲げたり、巻いたり、重ねたり切り合わせたりと、巣も葉を利用したものが圧倒的に多い。ハナバチや狩りバチの作る泥巣、ハンミョウの幼虫の地下トンネル巣、樹木の茂みにアシナガバチの巣など、あらゆる自然環境や、人工物まで利用されている。

クヌギの葉を食べる、コイチャコガネ

ヒイラギモクセイの葉を食べる、ヘリグロテントウノミハムシ

ネムノキの葉を食べる、キタキチョウの幼虫

シダを食べる、ナガゼンマイハバチの幼虫

ツバキのつぼみを食べる、モンシロドクガの幼虫

イネ科植物に作られた、ヤマトコマチグモの産室

巣作りをするコガタスズメバチの女王と初期巣

ハンミョウの幼虫の地下トンネル巣

シロオビアワフキの幼虫の泡巣

マイン

「絵かき虫」とは、幼虫が葉の中に潜る虫（リーフマイナー：leaf miner）のことで、その虫が潜ってできた痕をマイン（mine）と呼ぶ。本書に登場する「絵かき虫」は、ガ、甲虫の仲間だが、ハチ、ハエの仲間にも多い。

ミカンの葉に潜るミカンハモグリガの幼虫と、葉表にいるアゲハ類の若齢幼虫

フン

草食の虫では、食事した近辺にフンが溜まることが多い。絵かき虫の場合、マインの中にフンを溜めるもの、排泄口があって外に捨てるものと、種類によって決まっている。フンの形、大きさ、落ちていた場所などで、フンの落としヌシを特定できることもある。

クチナシで見つけたオオスカシバの幼虫のフンと、葉を食べる幼虫

朽ち木の下で見つけた、カブトムシの幼虫のフン

産卵痕

幼虫が育つ場所に産卵する場合と、育つ場所からは離れた場所に産卵する場合と、大きく2つに分かれる。いずれであっても葉や枝など、植物の組織内に卵を産み込む場合に、産卵管を刺した痕や、メス親がかじったり、産卵後に隠蔽工作をほどこすなどをした痕が残る。隠蔽物はメス親のフンやかじりとった木くず、分泌物など。

枯れ枝に産卵管（矢印）を刺し入れ、産卵するクマゼミと産卵痕

ツマグロオオヨコバイの卵と産卵痕

朽ち木に残るコクワガタの産卵痕（矢印）とメスとオス

卵のう

よく知られるカマキリの卵のうなど、たくさんの卵をまとめて保護するために、泡状のものでかためたり、糸で編んだ袋に卵を格納したもの。

カメノコハムシの卵のうと成虫

ヒモワタカイガラムシの卵のうと、卵のうの内部

虫こぶ

虫が植物組織を肥大させたこぶで、こぶの中で幼虫が育つ。外見では果実のように見える虫こぶもある。

冬芽に産卵するクリタマバチの一種と、クリメコブズイフシと呼ばれる虫こぶ

繭

クサカゲロウ、ガ、ハチなどが、糸で綴った蛹の入るカプセル。様々な色や形状がある。

クヌギの葉の裏に作られた、アオスジアオリンガの繭

ありんこアーケード

樹木の幹に長いときで、2〜3mにもなる茶褐色や褐色の帯状のもの（矢印）を幹蟻道、あるいはカートン巣とも呼ぶ。トビイロケアリやクロクサアリの仲間のしわざで、朽ち木くずを寄せ集めてできている。ススキの茎には、土粒や枯れ草の破片などでできた塊が見つかるが、とくに名称はない。いずれも植物についたアブラムシを覆い隠しており、アリはアブラムシから甘露を受け取る。野山でよく見かけるしわざだが、草木に付着したアリの建造物を本書では、「ありんこアーケード」と名づけてみた。

ミズキの幹に作られたありんこアーケード

羽脱孔

樹木、朽ち木、種子などの、かたい植物組織内で成長した虫が外界に抜け出たときの穴。

竹柵に残された、タケトラカミキリの羽脱孔（矢印）

クヌギのどんぐりに残された、クヌギシギゾウムシの羽脱孔（矢印）

5

調べる

　「虫のしわざ」の多くは樹木や草花で見つかるので、植物の名前を知る必要がある。しわざの外見では区別が難しいものでも、しわざがついている植物名がわかると、虫の正体も判明する場合がある。そのため、植物を図鑑などで調べるときには、同じグループにどんな種類があるのかも含めて、覚えるようにするといいだろう。

　マインが外見で判別できない場合、飼育して成虫の名前を調べる。マインは通常、葉1枚の中で成長するので、葉を枯らさなければ、飼育は簡単。マインを持ち帰るには、余分な葉はできるだけ取り除き、気密性の高いチャック付きのビニール袋❶に入れて運ぶ。

チャックつきビニール袋は頑丈なタッパー容器などに入れ、水差しは直射日光を避ける

　葉のついた枝を水切りしてから水差しにする。水差し❷をビニール袋で覆っておくと、しおれにくいし、成虫が羽化して葉から出ても逃げられない。マインの中で蛹になっても、葉がしおれると羽化できない種類もあるので、成虫が出てくるまで水を絶やさないよう注意したい。

 ## 観察道具

　見つけた虫のしわざを詳しく調べるときに、最低限必要となる道具を紹介しよう。飼育観察のためにしわざを持ち帰るには、運搬道具も必要だ。小さな産卵痕やマインの排泄口など、細かい観察にはルーペが欠かせない。倍率は6〜10倍で、レンズ径が大きいほうがいい。ルーペとピンセット以外は100円ショップでそろう。写真は筆者が使っている道具類。8倍小型双眼鏡などもあると便利だが、使用頻度は低い。

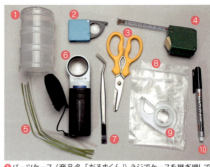

❶パーツケース（商品名「だるまくん」）ネジでケースを継ぎ増しできる。径48mm・63mmを使用　❷ルーペ6×（失くしやすいのでストラップを付ける）　❸工作用ハサミ　❹巻き尺　❺園芸用ビニール針金（撮影時の固定用）　❻ルーペ10× LED照明付き　❼ピンセット　15cm長（腰のしっかりした、先端がピッタリ合うもの）　❽チャック付きビニール袋（大中小）　❾メンディングテープかビニルテープ（マーキング用）　❿油性マジック（細字）

 ## 記録しよう

　写真で記録するのもいいが、フィールドノートにスケッチやメモ書きをすると、しっかり観察ができるというメリットもある。現場で手早くスケッチしたあと、帰宅してからフェルトペンで上描きする。筆者はA5のスケッチブックやA6サイズのメモ帳、筆記用具は水性フェルトペンと鉛筆を使っている。

スケッチに添えるメモ書きには、5W1Hや観察データだけでなく、感想なども書くといいだろう

本書に登場する主な虫のしわざ

パッと見た目の印象で、虫のしわざをカテゴリ分けしてみた。自然観察の中で、実際にしわざを見つけた場合、それが本書に登場する、どの虫のものに当てはまるかを、おおよその検討をつけやすくしてみた。条件の違いで、しわざの色や形、大きさは微妙に変わるので要注意。

あわせ

アカタテハ
(→p.26)

ヒメアカタテハ
(→p.34)

ダイミョウセセリ
(→p.40)

キタテハ
(→p.42)

コチャバネセセリ
(→p.46)

ブライヤハマキ
(→p.60)

アオバセセリ
(→p.82)

ハネナシコロギス
(→p.116)

コバネコロギス
(→p.117)

コバントビケラの一種
(→p.137)

セスジノメイガ
(→p.55)

マダラミズメイガ
(→p.136)

まきまき

サクラキバガ
(→p.60)

ヒメクロオトシブミ
(→p.69)

エゴツルクビオトシブミ
(→p.68)

ゴマダラオトシブミ
(→p.69)

ムラサキツバメ
(→p.70)

ヒメカギバアオシャク
(→p.71)

ブドウハマキチョッキリ
(→p.76)

イタヤハマキチョッキリ
(→p.77)

コナライクビチョッキリ
(→p.77)

ミドリシジミ
(→p.81)

タブノキハマキホソガ
(→p.124)

タデキボシホソガ
(→p.135)

すだれ
- コミスジ (→p.18)
- スミナガシ (→p.80)
- イチモンジチョウ (→p.122)

すじ
- ラミーカミキリ (→p.25)
- リンゴカミキリ (→p.64)
- サトクダマキモドキ (→p.103)
- ヒラタミミズク (→p.113)
- ルリカミキリ (→p.118)

かじり
- ニセリンゴカミキリ (→p.119)
- シロコブゾウムシ (→p.12)
- コフキゾウムシ (→p.13)

- セスジスズメ (→p.39)
- クロヒカゲ (→p.48)
- センノカミキリ (→p.95)
- アオマツムシ (→p.102)
- ルリタテハ (→p.114)
- クワカミキリ (→p.94)
- イシガケチョウ (→p.123)

型抜き
- クズノチビタマムシ (→p.14)
- バラハキリバチ (→p.90)
- マダラミズメイガ (→p.136)
- コバントビケラの一種 (→p.137)

8

並び穴	アワノメイガ (→p.44)	ヒサゴクサキリ (→p.54)	ホホジロアシナガゾウムシ (→p.112)		
網目	コガタルリハムシ (→p.29)	チャドクガ (→p.89)	てんてん	ムカシトンボ (→p.134)	クロスジギンヤンマ (→p.135)
おしろい	ツツジグンバイ (→p.85)	しおれ	ラミーカミキリ (→p.25)	キクスイカミキリ (→p.35)	ホホジロアシナガゾウムシ (→p.112)
ぼこぼこ穴	ヒメコガネ (→p.16)	ツチイナゴ (→p.17)	フクラスズメ (→p.24)	ニジュウヤホシテントウ (→p.37)	
	クロウリハムシ (→p.38)	エゴツルクビオトシブミ (→p.68)	イチモンジカメノコハムシ (→p.84)	キボシカミキリ (→p.96)	サンゴジュハムシ (→p.110)
透かし窓	クズノチビタマムシ (→p.14)	ベニシジミ (→p.28)	ヤマトシジミ (→p.30)	アオバネサルハムシ (→p.32)	キバラルリクビボソハムシ (→p.38)

葉の縁が、Uの字型に切れ込む。しわざのヌシの体の大きさ、性格なども食痕から想像できそうだ

草花で見つかる虫のしわざ

葉縁を脚で挟むようにして食事中（7月）

食痕【シロコブゾウムシ】

👀 6月〜8月　🐾 本州〜九州

　クズの葉を食べる昆虫は多いが、シロコブゾウムシのものは特徴がある。次ページのコフキゾウムシの食痕と比較すると、その特徴がわかりやすい。シロコブゾウムシの体長は13〜15mmで、葉の縁でその体を埋めていくように食べ進むが、自分の体長より深くはならない。また、食べ痕は滑らかになる。

コウチュウ目 ゾウムシ科
シロコブゾウムシ
Episomus turritus

　クズの他にも、フジ、ハギ、ニセアカシアなど、マメ科植物の葉を食べる。人の気配には敏感で、すぐに脚をたたんで地面に落ちる。後翅は退化しており、飛ぶことはできない。幼虫は土中で根を食べて成長する。

幼
蛹
成

成　こぶ　しわざのヌシ

体の地色は黒で、灰白色の鱗片に覆われる。前翅後方に一対のこぶがある（7月）

交尾したまま、葉の縁で食事していることが多い

葉の全周に並ぶ食痕は、リアス式海岸のごとし！

食痕【コフキゾウムシ】

👀 5月～7月　🐛 北海道～沖縄

クズの葉縁に入り組んだ食痕がびっしり並ぶ。クズノチビタマムシ（p.14）の食痕とよく似ているが、コフキゾウムシの場合、かならず縁から食べ、葉の真ん中で穴を空けるように食べることはない。クズノチビタマムシの食痕は散発的に見られる。

葉に深く食べ進んだ部分は、クズノチビタマムシのしわざの可能性が高い

コウチュウ目 ゾウムシ科
コフキゾウムシ
Eugnathus distinctus

体長約5mm。白味を帯びた青緑色（メスは褐色）は鱗片の色で、地色は黒色。鱗片が剥げ落ちると黒色の部分が目立ってくる。クズやハギなど野生のマメ科植物の葉を食べるが、畑のダイズを食害することもある。

成

しわざのヌシ

交尾中のペア（左がオス）。擬死を行うので、観察時には注意しよう。幼虫は土中で越冬し、翌春に蛹化する

草花で見つかる虫のしわざ

幼　蛹　成

成虫の食痕
絵文字のような落書き？ コフキゾウムシとは違う少し控えめな食べ痕だ

蛇行する川を描くようにして葉縁から食べ進み、長時間とどまる場合は川から池のごとく広がり、大きな食痕となることもある

食痕のまわりには、フンが付着していることもある。辛抱強く見ていると、フンをする様子を観察することができる

食痕・産卵痕・マイン
【クズノチビタマムシ】

👁️ 4月～10月　🐛 北海道～九州・屋久島

成虫は葉の縁から食べ進み、ときには食痕が体長の10倍（4cm）以上も伸びることがある。葉の縁からではなく、葉面から食べはじめることもあり、この点でも、コフキゾウムシ（p.13）の食痕と区別ができる。またコフキゾウムシの場合、食痕の長さは明らかに短い。ただし、食べはじめてすぐに中止することもあるので、食痕を見分ける際には葉全体の様子にも気をつけ、判断は慎重に。

産卵痕
産卵痕は、幼虫の食痕（マイン）のまわりを注意深く観察することで見つけることができる。ここが葉潜りのスタート地点

草花で見つかる虫のしわざ

幼 蛹 成

マイン
葉の一部が枯れたように見えるが、これも虫のしわざ！

黒いつぶつぶは、マイン内にある幼虫のフン

5月下旬頃から、クズの葉の一部が白く透けたようになったものが目立つようになる。陽射しに透かして見れば、中が空洞になっていて、黒いフンがあることもわかる。透けた部分はしだいに大きく広がり、やがて成熟した幼虫のシルエットもはっきり見えるようになる。クズの葉に潜る幼虫は他にも、ガ類やハエ類もいる。幼虫のシルエットの形が見分け方の決め手！

熟齢幼虫
体長約7mm

蛹
体長約4.5mm

草花で見つかる虫のしわざ

コウチュウ目 タマムシ科
クズノチビタマムシ
Trachys auricollis

樹皮下などで越冬していた成虫が現れるのは4月頃。5月末〜6月初めに産卵し、ふ化した幼虫は葉内を食べ進み、そのまま蛹となる。新成虫は8月に羽化する。年1回発生。

成

体長は3〜4mm。交尾中のペア（下がメス）

幼

しわざのヌシ

マイン内にいた幼虫

葉が網の目のようになっている！
これはだれのしわざ!？（8月）

葉の真ん中から穴が並んでいる。注意深く観察すれば、しわざのヌシの影が見つかる

草花で見つかる虫のしわざ

食痕【ヒメコガネ】

👀 6月〜8月　　🗾 北海道〜九州

　梅雨の頃から急激に姿が増えてくる。ヒメコガネは、様々な広葉樹の葉を食べるが、マメ科植物、とくにクズを食べることが多い。葉の裏側に潜むようにして食べたり、表側で堂々と食事したりする。数も多く集まること、1か所で長時間滞在して食事をとるので、食痕の穴の数がたいへん多くなる。

コウチュウ目 コガネムシ科
ヒメコガネ
Anomala rufocuprea

　6月〜8月、年1回発生。林縁の草地に多く、林縁に繁るクズによく集まる。緑色型、赤色型、紺色型など、体色には色彩変異がある。他のコガネムシ類と同様に、後脚を上げて静止していることが多い。

しわざのヌシ

体長約15mm。写真のオス（左）は緑色、メス（右）は赤色型。光の当たる角度で色は微妙に違って見える

幼　蛹　成

食痕【ツチイナゴ】

👀 5月～10月　🐾 本州～沖縄

このタイプの食痕は他の昆虫も残すので、特定するのは難しい。とくにツチイナゴの食痕に特徴があるわけでもなく、食事の現場にタイミングよく出会えたときくらいしか、断定できない。成虫は体長50～70mm。幼虫は体長28～38mm。

葉脈を避けるように並んだ食痕。あまり長居はしないのかな？

バッタ目 バッタ科
ツチイナゴ
Patanga japonica

成虫は落ち葉の下などで越冬し、春早くから活動をはじめる。ふ化幼虫は5月頃から現れ、様々な植物を食べて成長する。クズの葉を好んで食べるとよくいわれるが、クズがなくても繁殖する。

写真は若齢幼虫。前脚で葉を抱え込むようにして食事する（7月）

成虫の体色は褐色。オスは後脚で前翅をこすって発音する（5月）

コラム　クズの葉に残るしわざは、いろいろ

ツチイナゴの食痕と同様に、ヒメコガネ（p.16）の食痕にしても、しわざのヌシが食事をしている現場を押さえないと、断定は難しい。ヒメコガネ、ツチイナゴは広食性なので、クズを食べることは多いが、食べないこともある。しかもコガネムシ類にはクズを食べる種類が多く、それらの食痕と見分けるのはかなり難しいといえる。クズノチビタマムシ（p.14）の幼虫の食痕にしても、初期の段階では幼虫の姿が見えづらく、その場合、他の昆虫の幼虫が葉に潜っている可能性もある。クズの葉に幼虫が潜る昆虫には、ガ類やハエ類などもいる。

ハエ類の幼虫のマイン（10月）

草花で見つかる虫のしわざ

幼虫の巣【コミスジ】

👀 5月〜11月
🐛 北海道〜九州・屋久島

　枯れ葉が葉先に垂れて残っているのが探索ポイント。クズの葉先のほうが消失し、主脈とそれに絡んだ枯れ葉が風に揺れる。よく見れば枯れ葉の内側にコミスジの幼虫が隠れているはずだ。こうした隠れ家（巣）を作ることは、葉を食べることと重なり、巣作りと食事が同時進行するので、無駄がないともいえる。幼虫の体は枯れ葉にそっくりで、隠れ家によって隠蔽効果はより高まる。食事は隠れ家のある葉から、別の葉に移動して行う。

茎を切断しないようかじり、先の葉をしおれさせる（6月）

かじった部分には、落下防止の吐糸がほどこされる（7月）

若齢幼虫
葉先の主脈を残して葉を食べ、切れ目を入れた若齢幼虫（7月）

卵は葉先の表に産みつけられ、ふ化した幼虫はすぐ葉に切れ目を入れる作業をはじめる。主脈に紛れるようにして静止して休息する（9月）

茎をかじってしおれさせた葉は、幼虫の隠れ家になる（ナツフジ 6月）

カーテン巣
糸でつなぎ止めて吊られた様子から、カーテン巣とも呼ばれる（9月）

チョウ目 タテハチョウ科
コミスジ
Neptis sappho

　コミスジの食草はクズをはじめ、フジ、ニセアカシアなどのマメ科植物。どの食草でも葉にカーテン巣を吊るす。街中でも食草さえあれば、カーテン巣は見つかることが多い。終齢幼虫は体長約24mm。

幼　しわざのヌシ
秋に出た終齢幼虫は、食草の根元の落ち葉のまわりなどで越冬する（10月）

成
開帳45〜55mm。林縁の草地や木陰をツイーツと滑空するように舞う（9月）

葉の一部が食べられている。食べかすに見える枯れたところは、幼虫の隠れ家！

草花で見つかる虫のしわざ

虫こぶ・産卵痕・食痕
【オジロアシナガゾウムシ】

👀 1年中　📍 本州〜九州

　初夏の頃、クズの細かい繊維がはみ出している部分が、新しい茎にらせん状に並んでいるのは産卵痕。メスは大顎で茎を裂いて穴を作り、そこへ産卵したあと、削った繊維で蓋をする。産卵痕の場所は、真夏頃には植物組織が肥大し、クズクキツトフシと呼ばれる虫こぶになる。虫こぶの中では、肥大した植物組織を食べて幼虫が成長する。成虫が茎を裂き、口吻を突き刺して摂食した食痕も残る。茎からしみ出た汁が外気に触れてかたまった、茶褐色の固形物が残っていることもある。

草花で見つかる虫のしわざ

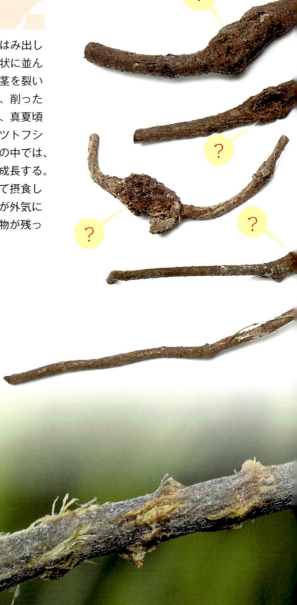

幼　蛹　成

20

若い茎に残った食痕。移動しながら摂食し、長い裂孔となる（5月）

クズクキツトフシ
クズの茎で見つけたクズクキツトフシ。かたくて素手では割り開くことはできない（8月）

> コウチュウ目 ゾウムシ科
> # オジロアシナガゾウムシ
> *Sternuchopsis trifidus*
>
> 越冬後、5月頃から活動をはじめ、クズ群落で茎にすがりついた姿をよく目にする。幼虫は虫こぶ内で繭を作り、そのまま蛹化する。
>
>
>
> 頭部は茶色で体は強く湾曲する（8月）
>
>
>
> 体長約10mm。敏感ですぐ擬死をする（5月）

成熟幼虫
虫こぶ内にいた成熟幼虫。5匹のうち1匹は取り出してある（8月）

枯れ茎に残っていたクズクキツトフシ（12月）

草花で見つかる虫のしわざ

幼 蛹 成

21

クズのつぼみにぽっかりと、きれいな丸い穴が空いている。黒い丸印が幼虫探索の目印!

草花で見つかる虫のしわざ

幼虫の食痕・フン
【ウラギンシジミ】

 8月～9月　本州～沖縄

　8月の中頃からクズのつるに、赤紫色のつぼみ（花蕾）と花が集まった花穂が目立ちはじめる。つぼみは花穂の下から順番に、マメ科植物特有の蝶弁花を開く。たくさん並んだつぼみに注目してみると、丸い小さな穴が見つかる。穴の大きさには大小がある。すぐ傍らや葉上でフンが見つかることもある。幼虫はつぼみの中に頭を突っ込み、中身を食べるので、丸い穴がたくさん残る。穴が多い場所ほど幼虫を見つけやすい。5月にはフジ、7月にはナツフジのつぼみでも同じように食痕ができ、幼虫が見つかる。

幼　蛹　成

若齢幼虫
クズのつぼみに穴を空ける若齢幼虫（8月）

つぼみの中身はすっかり食べられる

22

クズの花穂
幼虫が見つかった花穂。幼虫の模様はつぼみに紛れる見事な隠蔽色。写真のどこにいるかわかりますか？

×1

卵
直径約1mm。粗い彫刻模様が特徴。つぼみの表面で見つかる

中齢幼虫
つぼみに紛れる隠蔽色

フンと食べかす
フンは水分を多く含み、やわらかい。地面に落ちてしまうことが多いが、葉上で見つかることもある

×1

草花で見つかる虫のしわざ

チョウ目 タテハチョウ科
ウラギンシジミ
Curetis acuta

開帳35〜40mm。
葉上で日光浴するオス

しわざのヌシ

終齢幼虫は
体長約20mm

伸縮突起はまるで
綿毛のよう

オスの翅表にはオレンジ色、メスの翅表には水色の紋様があり、翅裏は和名のごとく白銀に輝く。成虫越冬で年に2〜4回発生。幼虫はマメ科植物の花やつぼみを主に食べるので、花期のタイミングと産卵期が合致している。1年中花のある南西諸島などでは、周年発生する。幼虫のお尻には一対の角があり、刺激を受けると、そこからタンポポの綿毛のような伸縮突起を素早く出し入れする。

幼 蛹 成

23

カラムシの葉が穴ぼこだらけ。いつの間にこんなにまでなったの!? と驚くばかり

幼虫の食痕・フン【フクラスズメ】

👁 6月〜10月　📍北海道〜沖縄

　カラムシの葉に、無数の穴が空くのは、フクラスズメの若齢幼虫のしわざ。幼虫は葉裏にいて、姿は目立たない。成長するにつれて、食痕は広範囲になる。カラムシの葉を食べる昆虫は他にも多くいるが、群落全体に食痕がおびただしいのは、本種のしわざと考えられる。

終齢幼虫が群れて食べた痕。葉脈と茎のみとなり、葉が1枚も残らない

フン
落としたばかりの、水分多めのフンは目立つ

チョウ目 ヤガ科
フクラスズメ
Arcte coerula

　食草のカラムシは明るい草地があれば群落を作るので、街中でも草刈りをおこたった河川の土手や、公園内で幼虫が大発生することがある。年2回発生するが、6月〜10月、あるいは11月上旬まで幼虫を見ることができる。成熟した幼虫は土中に潜って蛹化する。

幼　しわざのヌシ

体長は約80mm。驚かすと体前半を激しく振り続ける。口から緑色の汁を出すこともある

成

開帳75〜80mm。夜の樹液に集まる。成虫で越冬し、冬には屋内にもよく侵入する

草花で見つかる虫のしわざ

幼　蛹　成

食痕【ラミーカミキリ】

👀 5月～7月　📍本州～九州・奄美

カラムシの葉を裏返してみよう。葉脈が筋状に変色していたら、成虫が後食をした痕だ。筋状に穴が空いていることもある。カラムシ以外にもヤブマオ、ハルニレ、オヒョウ、ラミー、ムクゲ、ケヤキなどでも後食する。後食とは、幼虫の摂食と区別して、成虫が摂食すること。

葉裏の葉脈がかじられて茶色に変色する

葉柄の途中がかじられ、カラムシの葉が完全にしおれている。よく目立つしわざだ

葉柄がかじられた痕

茎も後食されて細長く傷ついている

草花で見つかる虫のしわざ

コウチュウ目 カミキリムシ科
ラミーカミキリ
Paraglenea fortunei

関東以西に分布し、低山地から平地に広く生息する。人の気配に敏感で、葉上にいてもすぐに飛んだり、地面に落下して姿を見失いやすい。メスはオスより体が大きく、顔面の模様の違いでも見分けることができる。

成 　しわざのヌシ

成虫は体長10～15mm

幼　蛹　成

土手や畦道のカラムシ群落。風に煽られているわけでもないのに、白い葉が目立つ

草花で見つかる虫のしわざ

幼虫の巣・蛹室【アカタテハ】

👀 5月〜11月　🐛 北海道〜沖縄

　カラムシの葉の裏側は白い。その裏側を表にして縦に折り、袋状になったものがよく見つかる。これはアカタテハの幼虫の巣で、折りたたまれた葉をそっと開くと、中に幼虫が潜んでいる。袋になった葉が半分以上食い破られ、消失している空き家も多い。幼虫は自分の巣を食べては、別の葉に引っ越すことをくり返す。山地の川沿いでは、コアカソの葉で巣を作る。

幼虫の巣
主脈を折り線にして2つ折りにし、葉の縁をピッタリと合わせた葉っぱハウス

終齢幼虫
休むときや危険を感じたときは、体を丸くする。体の刺は無害

幼虫は葉の両端の縁を、糸を使って繋ぎ止めていく。糸が縮む力で葉が折れ曲がる

蛹室
巣を持ち上げると、蛹が暴れる振動で蛹室かどうかを判断できることもある

蛹室内の蛹
幼虫が成熟すると、やがて幼虫巣はそのまま蛹室となる。巣の中には脱皮殻が転がっている

　幼虫巣は幼虫自身が食べ進み、壁が破れて中が丸見えになっていることもある。その場合には、サシガメ（動物食のカメムシ）などの天敵におそわれたり、寄生バエに産卵されてしまうこともある。完成直後の巣は防御万全のシェルターになるが、エサでもあるため、できるだけ頻繁に引っ越しをしたほうがいい、ということになるが、実際はどうだろうか？　どの程度のタイミングで引っ越しをするのかなど、詳しく調べてみるのも面白そうだ。

草花で見つかる虫のしわざ

チョウ目 タテハチョウ科
アカタテハ
Vanessa indica

終齢幼虫は体長約38mm。体を立ち上げて糸を吐く

しわざのヌシ

　里山で普通に見られるチョウで、花にも樹液にもやって来る。飛び方は速く、人の気配にも敏感。普通のチョウにも関わらず、交尾の観察などは難しい。成虫越冬だが、越冬場所の観察例もまれである。よく似たヒメアカタテハ（p.34）の幼虫は、ヨモギやゴボウの葉を綴ったり、巻いたりして巣を作る。

激しい振り子運動もする

開帳約60mm。ネズミモチの花で吸蜜（7月）

幼　蛹　成

27

幼虫の食痕【ベニシジミ】

👁 ほぼ1年中　🐾 北海道～九州

2月初め頃からスイバやギシギシの葉に、丸い透けた窓のような食痕が目立ちはじめる。裏返してみると、葉の裏からえぐるように葉肉が食べられているのがわかる。暖かくなってくると、しだいに食痕は大きくなり、窓が貫通して穴になり、葉の縁からかじった痕も増える。食痕が新しい所をていねいにめくっていくと、幼虫が見つかる。成虫は3月～12月に現れる。

透けた食痕の直径は、2～20mmまでと様々

2齢幼虫・フン
葉裏を食べ進む2齢幼虫。フンも目立つ（2月）

1齢幼虫
1齢幼虫の食痕は、2～3mmの透かし模様（5月）

チョウ目 シジミチョウ科
ベニシジミ
Lycaena phlaeas

年に数回発生するので、しわざを見つける機会は多いが、早春の草地で幼虫を探してみよう。まだ昆虫の姿が少ない時期だからこそ、しわざ探しは一層楽しさを増す。

草花で見つかる虫のしわざ

幼／蛹／成

体長約15mm。幼虫の体色は紅色の筋が入った型と緑色型がある

開帳27～35mm。メスは食草の根元に潜り込んで産卵する

幼虫の食痕【コガタルリハムシ】

👀 2月〜7月　🐛 北海道〜沖縄

　スイバやギシギシで見つかる、ふ化当初の若い幼虫の食痕は、葉の裏側から薄皮を残した透かし模様になる。幼虫の成長は早く、葉を食べる量も日増しに凄まじくなり、葉は枯れた葉脈だけになる。遠目にも目立つほどになり、このような著しい食痕を残す昆虫は他にいない。幼虫は成熟すると蛹化のために土に潜り込む。

成長した幼虫はしだいに分散する（4月）

卵
卵は葉裏に30〜50個をまとめて産卵（4月）

若齢幼虫
若齢幼虫は葉裏から薄皮を残し食害（4月）

コウチュウ目 ハムシ科
コガタルリハムシ
Gastrophysa atrocyanea

　土中などで越冬していた成虫は、2月の早い時期から明るい草地に姿を現す。大きな腹をしたメスをめぐって数匹のオスが競う姿もよく目にする。

しわざのヌシたち

幼：体長約8mm。幼虫は刺激を受けると体を丸めて地面に落ちる（4月）

成：体長5.2〜6.1mm。葉裏で産卵するメス（4月）

草花で見つかる虫のしわざ

草花で見つかる虫のしわざ

幼虫の食痕【ヤマトシジミ】

👀 1年中　🐛 本州〜沖縄

幼蛹成

　都心の路面の割れ目から、高山地の道路脇まで、人が行き交う場所なら日本全土広く繁茂しているカタバミ。見慣れた光景で見逃しがちだが、しゃがみ込んでしばらく葉を眺めてみよう。三つ葉のうち、白く透けた部分がここにもそこにも、と見つかるはずだ。葉の縁が欠けているのもある。これらは、ヤマトシジミ幼虫の残した食痕である。しかし、幼虫探しにはちょっとしたコツがいる。

終齢幼虫と食痕
葉裏にいる幼虫は振動ですぐ落っこちる。3齢幼虫以降は根元近くに潜んでいる（9月）

若齢幼虫の食痕は、白く透けた部分（11月）

草花で見つかる虫のしわざ

卵殻の横に食痕がある。若齢幼虫は次々と場所を変えて摂食する。卵の直径約0.5mm（11月）

卵

チョウ目 シジミチョウ科
ヤマトシジミ
Pseudozizeeria maha

若齢幼虫は葉裏にいるが、次々と場所を変えるので、食痕をたよりに根気よく探そう。3、4齢（終齢）幼虫は根元近くに潜んでいるが、アリが幼虫に寄って来ることもあるので、アリの動きも探す目印のひとつになる。

しわざのヌシ

終齢幼虫は体長約12mm（9月）

開帳約25mm。写真はオス（7月）

 幼

 蛹

 成

31

草花で見つかる虫のしわざ

食痕【アオバネサルハムシ】

👀 6月〜7月　🦶 北海道〜九州

ヨモギの葉に、白い筋状の食痕が多数散らばって見つかる。パッと見た目には、葉が病気かと思わせる。あぜ道などのヨモギで普通に見かけるが局所的で、ヨモギ群落があっても食痕がまったく見られないことも多い。食痕の周辺を探すと、アオバネサルハムシが見つかる。

葉表面を舐めとったような食痕。貫通した穴にはならない

コウチュウ目 ハムシ科
アオバネサルハムシ
Basilepta fulvipes

体長は約4mmと小さいハムシ。成虫の体色には黒青色、緑青色、銅色など変異が多い。6月〜7月の短い期間に発生するので、うっかりすると出会えない。

幼 蛹 成

成　しわざのヌシ

同じヨモギにいた色違いの成虫（7月）

ヨモギハエボシフシと呼ばれる虫こぶで、1か所に群れて形成されることが多い

虫こぶ
【ヨモギエボシタマバエ】

👀 4月〜11月　🐛 北海道〜沖縄

ヨモギの葉表にとんがり帽子型のこぶが目立つ。こぶの高さは1.6〜8mm、長径は1.6〜3.5mmと成長の度合いによって大きさにばらつきがある。葉裏側にも少しだけ膨らみができる。こぶの色は薄い緑色や写真のような紫紅色を帯びることが多い。

幼虫
ひとつのこぶ内に、1匹の幼虫が育つ

蛹と羽化殻
蛹の頭には、鋭くて短い突起があり、体を回転させながら上昇し、こぶの頂上に脱出穴を穿って羽化する

ヨモギハシロケタマフシ
ヨモギ類の葉裏や茎で目にする虫こぶ。ヨモギシロケフシタマバエのしわざ

ハエ目 タマバエ科
ヨモギエボシタマバエ
Rhopalomyia yomogicola

3齢幼虫が虫こぶ内で越冬し、4月〜5月に成虫が羽化する。地域にもよるが、年3〜6回発生。普通種で発生回数も多いので、生態観察の対象として面白い。

しわざのヌシ

体長約3mm。成虫の寿命は短い（10月）

草花で見つかる虫のしわざ

幼　蛹　成

33

草花で見つかる虫のしわざ

幼虫の巣【ヒメアカタテハ】

👀 ほぼ１年中　🐛 北海道〜沖縄

　ヨモギの葉数枚を綴り合わせた袋状の巣。ヨモギの葉裏は白いので、遠目でも巣の存在がわかる。巣内にいる幼虫は１匹のみで、齢数により巣の大きさは様々。成長にともない新しい巣へと引っ越すことをくり返すので、空き巣も多い。ハハコグサやゴボウも食草となり、巣が見つかる。

巣内の終齢幼虫
ヨモギの葉を綴るのは、ウスアトハマキやウスグロキバガなどもいるので要注意

巣内の蛹
蛹化は巣内や、ときに葉を粗く綴ったひさしの下などで行うこともあり、アカタテハ（p.26）と違って、蛹がむき出しで見つかることも多い

チョウ目 タテハチョウ科
ヒメアカタテハ
Vanessa cardui

　関東以南では若齢幼虫で越冬するが、九州などでは各ステージで越冬する姿を観察することができる。

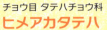

しわざのヌシ

終齢幼虫は体長約40mm。巣外にフンを捨てないのでこんなことに

開帳40〜50mm。成虫は移住性が強い

すっかりしおれた先端部。ここでしわざのヌシの姿を見ることはまずない

産卵痕【キクスイカミキリ】

5月〜7月　北海道〜九州

　ヨモギの先端がしおれているのは、頂部から下5〜10cmの茎を、メスがかじったことによる。メスは茎内部に卵を産み込む。産卵部位の上下2か所に環状に傷をつけるため、維管束が破れ水分が届かなくなり、しおれてしまう。ふ化した幼虫は茎の髄部を下方へと食べ進むと、地下部の茎内で成熟し、年内に蛹化、次いで羽化する。新成虫はそのまま越冬し、5月頃から活動する。

コウチュウ目 カミキリムシ科
キクスイカミキリ
Phytoecia rufiventris

　体長7〜11mm。ヨモギのほか、園芸種のキクにも産卵するので被害が大きくなることもある。年1回の発生だが、まれに8月に成虫が現れることもある。

草花で見つかる虫のしわざ

かじった痕
メスが環状にかじった傷痕の少し上に産卵孔（矢印）が見える

卵
茎内部に産み込まれた卵。長さ約2mm

しわざのヌシ

胸部に赤い斑紋が目立つので、本種とすぐにわかる

成　幼　蛹　成

幼虫の食痕【アサギマダラ】

👀 1年中　📍本州（関東以西）〜沖縄

食痕のついた葉裏に2齢幼虫がいた（2月）

常緑のキジョランの葉に丸い穴の食痕。キジョランは常緑のつる植物で、関東以西〜沖縄に分布。若齢〜中齢幼虫で越冬し暖かい日には摂食するため、冬の間も食痕が見つかる。4、5齢幼虫では葉をしおらせてから葉先からすっかり食べ尽くす。沖縄ではサクラランやソメモノカズラの葉で見つかる。

チョウ目 タテハチョウ科
アサギマダラ
Parantica sita

成虫は季節により北海道から台湾まで、北上南下の移動をする。越冬北限は関東山地。寒冷地では幼虫越冬、暖地では非休眠の卵、幼虫、成虫で越冬。

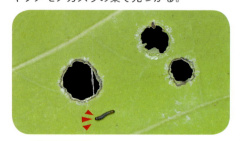

若齢幼虫と食痕
若齢幼虫は周囲に円く溝を堀り、乳液の分泌を止めてから内部の葉を食べる（12月）

しわざのヌシ

終齢幼虫は体長約40mm

開帳約100mm。ゆったりと舞うが、驚くと急上昇する（7月）

草花で見つかる虫のしわざ

カラスウリの葉裏の食痕（11月）

幼虫の食痕【トホシテントウ】

👀 6月〜11月　🐛 北海道〜九州

　カラスウリ、アマチャヅルの葉に、白い透けた食痕。幼虫はまず、丸く円を描くようにかじり痕をつけてから（乳液の滲出を止める処置）、その内側を食べる。クロウリハムシ（p.38）の成虫の食痕に似るが、本種では葉裏側につく。

コウチュウ目 テントウムシ科
トホシテントウ
Epilachna admirabilis

　初夏と秋の間に2回発生し、秋に生まれた幼虫は、落葉の下などに潜り込んで越冬する。成虫も同じ食草を食べる。

しわざのヌシ

幼虫は体長約8mm。
成虫は体長約6.5mm

ジャガイモの葉の食痕（5月）

食痕【ニジュウヤホシテントウ】

👀 4月〜10月　🐛 本州（関東以西）〜沖縄

　ジャガイモ、ナス、ホオズキなどの栽培種、イヌホオズキ、アメリカイヌホオズキなど、ナス科植物の葉に、表面を削りとって薄皮を残した柵状の食痕。遠目には白っぽく見えよく目立つ。食痕が広がると葉が褐色になり、縮むように枯れる。

コウチュウ目 テントウムシ科
ニジュウヤホシテントウ
Epilachna vigintioctopunctata

　成虫も幼虫も同じ食草を食べ、食痕もほぼ同じ。卵は葉裏にまとめて産卵され、1齢幼虫は集団で加害する。蛹化も葉裏で行われる。

幼虫は体長約7mm。
成虫は体長約6mm

しわざのヌシ

草花で見つかる虫のしわざ

37

ツユクサの葉が、病気にかかったように見える（6月）

幼虫の食痕 【キバラルリクビボソハムシ】

👀 5月～8月　🦶 北海道～九州・尖閣諸島

ツユクサの葉が、帯状に白くなる。多数の幼虫がついた場合、葉脈だけの破れ傘状態となる。幼虫は葉裏から葉脈を残して葉肉を食べ、薄皮を残す。幼虫は背中にフンをのせている。

コウチュウ目 ハムシ科
キバラルリクビボソハムシ
Lema concinnipennis

4月下旬から現れ、5月下旬～7月下旬にかけてツユクサの葉裏に卵塊を産卵。年1化で、成虫は9月には休眠し、そのまま越冬する。

しわざのヌシ
終齢幼虫は体長約8mm（6月）

成虫は体長5～6.5mm（6月）

草花で見つかる虫のしわざ

カラスウリを群れで摂食する成虫

円を描く姿はかわいいが、野菜や多種類の花も食すので、大害虫ともなる（9月）

コウチュウ目 ハムシ科
クロウリハムシ
Aulacophora nigripennis

5月～11月まで活動し、ウリ科の栽培種やカラスウリのほか、様々な花も食べる。成虫越冬。

食痕 【クロウリハムシ】

👀 7月～9月　🦶 本州～沖縄

カラスウリの葉に多数の穴が空く。成虫が群れて摂食することも多い。円形に傷を入れてからその内側を食べるので、丸い穴となるのが特徴。幼虫は土中で育つため葉上にはいない。

しわざのヌシ
体長5.8～6.7mm。顔はかわいい

サトイモ畑で食痕が見つかる（9月）

幼虫の食痕【セスジスズメ】

👀 6月〜10月　🐛 北海道〜沖縄

サトイモの葉が縁から大きくかじられた食痕。ときには葉脈のみしか残らず、傘の骨のようになることもある。「芋虫」の名称は、サトイモを加害する本種からついたともいわれる。

葉脈のみ残った食痕。幼虫は茎や葉裏にいる（9月）

草花で見つかる虫のしわざ

チョウ目 スズメガ科
セスジスズメ
Theretra oldenlandiae

5月頃に羽化し、年2〜3回発生。幼虫はホウセンカ、ヤブガラシ、コンニャクなども食べる。冬、土中にて蛹になり越冬する。

しわざのヌシ

終齢幼虫は体長約80mm（8月）

開帳約33mm。夜行性（10月）

幼虫の巣【ダイミョウセセリ】

5月～10月　北海道～九州

　ヤマノイモの葉の縁に切れ込みが入って、小さく、あるいは大きく折り重なったものが幼虫の巣。重なった葉が元に戻らないよう、糸で何か所も繋ぎ止めている。幼虫は巣から出て、近くの葉を縁から食べる。葉が小さくなってくると、他の葉に引っ越し、新たに巣を作る。

こちらはハネナシコロギス（p.116）の巣。きれいな楕円形の切り込み方で区別できる

1齢幼虫
若齢期は「ハ」の字状に切れ込みを入れる（8月）

終齢幼虫の巣
葉の周囲全体に食痕がある

1齢幼虫の巣
葉の周囲にある食痕は、終齢幼虫のものと比べて控え目

草花で見つかる虫のしわざ

幼
蛹
成

3齢幼虫
切れ込みは波形になる
こともある（8月）

越冬巣と終齢幼虫
10月～11月、葉が枯れると、巣ごと地面に落下し巣内で冬を越す。翌春、葉を食べることなく蛹化する。落ち葉の中から巣を見つけるのは難しい（1月）

草花で見つかる虫のしわざ

チョウ目 セセリチョウ科
ダイミョウセセリ
Daimio tethys

4月～10月に、2～3回発生。幼虫はヤマノイモのほか、ナガイモ、オニドコロなども食べる。幼虫を刺激すると頭部を持ち上げ、大顎を開いて威嚇する。

終齢幼虫の体長約25mm
しわざのヌシ

開帳約35mm。翅を広げていることが多い（4月）

草花で見つかる虫のしわざ

カナムグラにキタテハ幼虫の巣がある。
どこにあるか、わかるかな？

幼虫の巣・フン 【キタテハ】

👀 5月〜10月　🚶 北海道〜九州

河川の堤防、林の縁、空き地など、日当りのいい草地環境に繁茂するカナムグラ。人が手を軽く握ったときのように、掌状の葉が緩く丸まっているのが幼虫の巣。たくさんの葉から探すには、少し目が慣れてから。ひとつ見つかると、次々に巣が増える。

幼
蛹
成

幼虫の巣

フン
巣の下は開いているので、真下の葉上にフンが落ちている（10月）

終齢幼虫が入っていた巣（10月）

中齢幼虫が入っていた巣（10月）

食痕のついた空き巣（10月）

葉脈に傷をつけてしおれさせる

蛹
蛹化も巣の中で行う

草花で見つかる虫のしわざ

チョウ目 タテハチョウ科
キタテハ
Polygonia c-aureum

春早くから初冬まで活動する。成虫越冬。5月頃から年に2～5回発生。様々な花に来るほか、樹液、腐果、獣フンなどでも吸汁する。幼虫の巣を下からのぞけば、幼虫の姿が見える。

しわざのヌシ
終齢幼虫は体長約32mm。体の棘は無毒

開帳50～60mm。ヤナギの樹液を吸っていた（8月）

幼 蛹 成

草花で見つかる虫のしわざ

幼虫の食痕・フン
【アワノメイガ】

👀 6月~10月
🚶 北海道~九州

　家庭菜園や、畑のトウモロコシの茎や実に、糠やきな粉のようなフンがついていることがある。フンは、茎や実に空いた小さな穴から溢れ出ていることもわかるだろう。葉に目をやると、丸い穴が一列に並んでいるのも見つかる。丸い穴は幼虫の食痕である。

フン
実や茎の表面にフンがついている（9月）

茎や実の中にトンネルを堀り、内側から組織を食べ、食入孔からフンを糸で綴って外に捨てる

チョウ目 ツトガ科
アワノメイガ
Ostrinia furnacalis

　東北以北では年1化で7月~8月、本州中部では年2化で、6月~8月、関東以西では年3~4化で、5月~9月に発生。広食性で、幼虫越冬。

幼 蛹 成

しわざのヌシ
終齢の体長約20mm。歩きは速い

開帳22~30mm。花にも来る
愛媛大学ミュージアム 所蔵写真

44

コラム タケ・ササに残されたミシン穴の謎解き

ミシン穴を残したしわざのヌシはどんな昆虫なのか？　この謎解きの最初の候補は、メダケなどの若茎に口吻を突き刺して吸汁するホオアカオサゾウムシ。数か所に穴を残すので、ミシン穴が数列並ぶことの説明もつく。日付を書き込んだビニールテープを巻きつけてマーキング観察してみた。予備実験として、細い昆虫針を茎に突き刺してみた。針を刺して5日後、展開した葉にミシン穴が現れた。ところがホオアカオサゾウムシの食痕のついたメダケは、上部分が白く枯れていた。マーキング観察を何度かくり返したが、結果は同じ。ホオアカオサゾウムシの摂食により内部組織がかなりのダメージを受けるようだ。

ミシン穴はタケ・ササ以外に、チガヤやススキ、あるいはカンナやトウモロコシの葉でも見つかる。共通点はどれも単子葉植物。チガヤなどは地表に姿を現したばかりのほんの小さな株でさえ、ミシン穴が次々と見つかった。しわざのヌシは多岐にわたる種類で、特定の昆虫種に絞ることは不可能だと思えた。

以後、観察時間をかなりかけて謎解きに挑んだ結果、本書に載せることができたしわざのヌシは、タケ・ササを幼虫時代に食べるヒサゴクサキリ（p.54）とセスジノメイガ（p.55）、それとトウモロコシの害虫アワノメイガ（p.44）。カンナではツチイナゴ（p.17）のしわざを確認できた。

先に掲げたチガヤやススキなどでは、バッタ、コオロギ、キリギリス類などの多くの種類の中にしわざのヌシがいるものと推測している。したがって、ミシン穴だけを見てしわざのヌシを特定することは困難だ。摂食する昆虫の姿を見つけ、その食痕が後にどう展開していくか、地道な観察をするしかないのである。けれど、様々な状況を想像し、謎解きに時間を費やすのもまた、自然観察の醍醐味のひとつであろうかと思う。

吸汁中のホオアカオサゾウムシと食痕

細い昆虫針をメダケの茎に突き刺してみた。針を刺して5日後、展開した葉にミシン穴ができた

メダケを吸汁中のニセヒメクモヘリカメムシ。本種もしわざのヌシ!?

カンナの葉茎に残るツチイナゴの食痕。葉が展開するとミシン穴が並ぶ

カンナの葉にできたミシン穴

幼虫の巣・食痕・蛹室
【コチャバネセセリ】

5月〜11月　北海道〜九州

　アズマネザサ、メダケ、クマザサなどの葉で、葉先以外の葉を主脈を残して食べ、残った葉を綴り合わせて巣にする。主脈軸でぶら下がった巣は目立つ。昼間はほとんど巣内で休み、夜間、外に出かけて葉を食べる。フンをするときは、ゆっくり慎重に尻を巣の外に出してからする。フンを終えると、バネ仕掛けのごとくすばやく巣内に身を隠す。

タケ・ササで見つかる虫のしわざ

幼虫の巣
メダケの葉に、コチャバネセセリの幼虫の袋とじ巣があった（10月）

巣内の終齢幼虫
2枚の葉を合わせた終齢幼虫の巣の中をのぞいてみた（10月）

食痕
幼虫の食痕は主脈が残る（10月）

チョウ目 セセリチョウ科
コチャバネセセリ
Thoressa varia

タケやササの群落の林に生息する。翅を半開きにして日光浴をよくする。年に2～3回発生。

終齢幼虫は体長約27mm

幼

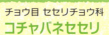
糸でガッチリ繋ぎ止めている

蛹室
蛹室は角のとれた長方形。切り落としたあと、周囲を糸で綴り閉鎖する（11月）

蛹室の中の蛹と脱皮殻

蛹

しわざのヌシ

主脈を噛み切って巣ごと地面に落ちていた蛹室（11月）

成虫は開帳約14mm

成

タケ・ササで見つかる虫のしわざ

幼
蛹
成

47

タケ・ササで見つかる虫のしわざ

幼虫の食痕【クロヒカゲ】

👀 1年中　🐛 北海道〜九州

アズマネザサ、ネザサ、クマザサ、メダケ、マダケ、ホテイチクなど、タケ類の葉を食べる。葉縁から主脈まで深く食い込むような食べ痕。ときには主脈だけが残って、まるで破れ傘の骨のようになることもある。食痕は大人の目線から膝の高さ辺りに多く、見つけやすい。薄暗い林床のササ群落で見つかるが、ヒカゲチョウの食痕もほぼ同じであり、区別は難しい。

幼・蛹・成

食痕と越冬幼虫
クマザサの食痕と、葉裏のつけ根近くにいた越冬（4齢）幼虫（12月）

クマザサの食痕。真冬でも見つかるしわざ（12月）

4齢幼虫と食痕
体色には褐色、薄緑色と変異がある

ニホンジカの食痕
葉を一気にむしり取ったような雑な破れ方が特徴。シカのいる地域では見間違いに要注意

3齢幼虫と食痕
主脈まで達しない

タケ・ササで見つかる虫のしわざ

チョウ目 タテハチョウ科
クロヒカゲ
Lethe diana

ササ食いのチョウの中では、ヒカゲチョウと共に普通種。地域によって違うが、成虫は年に数回発生する。樹液や腐果、小動物の死がいによく来るが、まれに花も訪れる。

幼

しわざのヌシ

終齢幼虫は体長約35mm

成

開帳約26mm。樹液を好む

幼 蛹 成

49

タケ・ササで見つかる虫のしわざ

マイン・食痕・産卵痕
【タケトゲハムシ（イッシキトゲハムシ）】

👀 ほぼ1年中　🐛 本州（近畿以西）～九州

マイン内の若齢幼虫
若齢幼虫が3匹入ったマイン。産卵痕（画面上）は5個だが、2匹は成育できなかったようだ（6月）

メダケ、ホテイチク、ネザサなどの葉に白く透けたマインは、葉の半分以上の面積になることもある。マインの中では、タケトゲハムシの幼虫が葉肉を食べて育っている。葉脈に沿って直線状に白くなった食痕も多く目につく。食痕は成虫の食べ痕。そして葉の先端部を注意深く見ると、3～5個並んだ産卵痕が見つかる。成虫で越冬し、真冬でも暖かい日には葉を食べて食痕を残す。タケノホソクロバ（p.51）の若・中齢幼虫の食痕と紛らわしいこともあるが、本種では葉全体が白くなることはない。

蛹
マインの中で成熟し、蛹になった

摂食中の成虫と食痕
葉表面を削り取るように食べ進む。葉の裏側から食べることはなく、休むときに葉裏へ移動する

コウチュウ目 ハムシ科
タケトゲハムシ（イッシキトゲハムシ）
Dactylispa issikii

以前は九州の特産種だったが、近年、近畿や四国にも分布を広げている。生息場所での個体密度は高く、初夏〜夏にかけて、幼虫のマインが目立つ。

しわざのヌシ

幼
体長 約5mm。フンは穴から外に捨てる

成
体長 4.5〜6mm。脚先が厚いパッド状になっていて、葉に吸着する

産卵痕と卵
葉表に並んだ卵。葉表面から埋め込むようにして産卵（6月）

産卵痕は葉の成長にともなって大きな穴となり、やがて裂けてしまうこともある

タケ・ササで見つかる虫のしわざ

食痕のそっくりさん

チョウ目 マダラガ科
タケノホソクロバ
Artona martini

成虫は開帳約20mm

タケノホソクロバの若齢幼虫は、群れてササの葉裏の葉肉だけを食べ、葉は全体に白くなる（6月）

葉を食べる若齢幼虫（6月）

成長すると葉の縁から食べ、食痕は直線的（6月）

幼 蛹 成

51

タ
ケ
・
サ
サ
で
見
つ
か
る
虫
の
し
わ
ざ

マイン
【ウスイロカザリバ】

1年中　　北海道〜沖縄

　ネザサ、メダケ、クマザサなどの葉にラッパ型のマインを作る。葉のつけ根に近い場所から潜葉し、葉先方向に食べ進むため、マインの先端ほど広くなる。葉裏の途中に裂孔があり、そこからフンを外に捨てる。同属のカザリバもネザサやアズマネザサに同じようなマインを作るので要注意。同属の他の数種も、メヒシバ、ススキ、アブラススキなどにラッパ型のマインを作る。

幼
蛹
成

裂孔より手前のマインにはフンが残る

マインの途中にある裂孔。フンをここから捨てる。ふだんは閉じている

幼虫
マインの外から透けて見える幼虫

成虫が羽化して出た後の古いマイン（11月）

タケ・ササで見つかる虫のしわざ

チョウ目 カザリバガ科
ウスイロカザリバ
Cosmopterix victor

ササの群生地では普通に見られ、低地では5月〜6月と8月の2回、山地では6月に1回、成虫が見られる。幼虫は5齢で越冬するため、年間を通して幼虫のマインを観察できる時期は長い。

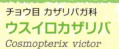

しわざのヌシ

体長約10mm。へんぺいな体で内臓が透けて見える（2月）

繭を作らずマインの中央部で蛹化する（7月）

開帳11〜15mm。薄暗い林床で見つかる

幼 蛹 成

幼虫の食痕【ヒサゴクサキリ】

👀 4月～7月　　📍 本州（関東南部以西）～九州

メダケ、マダケなどの若芽に白っぽい小さなかじり痕が見つかる。遠慮がちに食べたような食痕は、ヒサゴクサキリの幼虫のしわざ。本種が生息する地域では、タイミングさえ合えば幼虫が密集しており、食事中の幼虫を観察できる。ただし人の気配には敏感なのでそっとのぞいてみよう。

食痕と幼虫
食痕とメダケの若芽を食べている幼虫（6月）

タケ・ササで見つかる虫のしわざ

幼虫の食痕のついたメダケの若芽を開いてみた。親指と人差し指で擦るようにして巻いた若葉を開いてみると、貫通した穴が現れた

バッタ目 キリギリス科
ヒサゴクサキリ
Palaeoagraecia lutea

4月頃、卵からふ化した幼虫がメダケなどの若葉で見つかる。本種はタケやササしか食べない。とくに幼虫は若葉（芽）を好む。成虫は8月～9月に現れる。

体長は20～30mm。触角は体長の2倍以上ある（6月）

体長は51～64mm。メダケの鞘の隙間に産卵するメス。年1化で卵越冬（8月）

幼　蛹　成

食痕と若齢幼虫

幼虫の食痕・巣
【セスジノメイガ】

- 7月～8月
- 本州～九州・対馬・奄美大島

メダケ、モウソウチク、ホテイチクなど、タケ類の葉で見つかる巣。幼虫は、自分が静止している葉から体を乗り出して、左右の2～3枚の葉を順次、糸で綴り合わせ、これをくり返して、3～4枚の葉で巣を完成させる。

タケ・ササで見つかる虫のしわざ

幼虫の巣
夏の頃、幼虫巣がよく目立つ。巣内から葉を食べ、外側は残したまま引っ越すので、空っぽの巣のこともある

巣作りをする幼虫
糸を巧みに使って巣を綴る（7月）

チョウ目 メイガ科
セスジノメイガ
Sinibotys evenoralis

幼虫は7月～8月に多く、巣は1か所に多数できる。幼虫越冬。

しわざのヌシ

終齢幼虫は体長約18mm。食べ方によっては葉が展開後、ミシン穴になる

愛媛大学ミュージアム 所蔵写真

開帳約26mm。夜の灯りに飛来する

幼 蛹 成

55

産卵直後の新しい産卵痕（5月）

産卵痕の断面。削りくずで塞ぐ

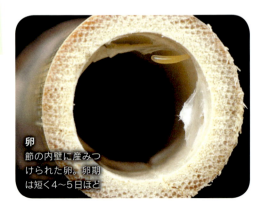

産卵するメス
大顎で穴を穿ったあと、体を反転して産卵管を差し込む

卵
節の内壁に産みつけられた卵。卵期は短く4～5日ほど

タケ・ササで見つかる虫のしわざ

産卵痕も脱出穴も1節にひとつずつ見つかる。まれに1節に産卵痕が2つの場合もあるが、脱出穴はかならずひとつしかない。これは1節の中で幼虫1匹しか育たないからだ

産卵痕・脱出穴
【ニホンホホビロコメツキモドキ】

👀 1年中

🐛 本州（北限は岩手県）～九州・トカラ列島

　メダケ、ホテイチク、アズマネザサなどの枯れた稈の表面（節間）にほぼ正方形の穴や、両側に点孔をともなった小さな四角い溝が見つかる。ポッカリと空いた正方形の穴は、本種の新成虫が外に出たときの脱出穴で、小さな四角い溝は、春にメス親が産卵した際に穿った産卵痕である。

幼　蛹　成

56

脱出穴
材の太さなどにより、育つ成虫の体長には個体差が大きい

内部の幼虫
親が接種した酵母が育ちそれを食べる。フンはわずかしかしない。体長13～20mm

コウチュウ目 コメツキモドキ科
ニホンホホビロコメツキモドキ
Doubledaya bucculenta

幼虫はタケやササの新しい枯れた材の中で育つ。成虫が何を食べるのかはよくわかっていないようだ。年に1回、4月末～5月に成虫が現れる。

しわざのヌシ

体長は8～23mm

タケ・ササで見つかる虫のしわざ

コラム　ニホンホホビロコメツキモドキのゆがんだ顔

オス（左）の頭部は左右対称なのに、メス（右）では非対称で、とくに左の頬と大顎が大きいという特徴がある。雌雄とも6脚の附節は大きいが、メスの前脚は一段と大きく発達している。メスのこうした体の特徴は、かたく滑りやすい竹材表面で節内部まで貫通する穴を穿ち、産卵するために特化したものだ。左右で大きさが違う大顎を使い分け、産卵管が通るだけの精巧なトンネルを穿つ。大きく発達した前脚附節は竹表面に強力に吸着し、体をしっかりと固定する。メスはときおり反転して向きを変えては、1～2時間かけて掘削作業をする。産卵中のメスをかたわらで観察すると、いかに力のこもった作業かが伝わってくる。

オス　　　メス

幼　蛹　成

57

立ち枯れのモウソウチクで見つかった羽脱孔

伐採竹の節に産みつけられた卵（5月）

竹材の中のトンネルで成長した幼虫。頭部は左側（1月）

卵殻を外すと、幼虫の潜入痕が見える。奥に幼虫がいる

卵はゴミで覆われ、付着面側でふ化する

羽脱孔
【ベニカミキリ】

- 1年中
- 本州〜九州・屋久島

モウソウチクの林で、立枯れや伐採された材で羽脱孔が多数、見つかる。穴の直径は約5mm。幼虫は枯れ竹の材部を食べてトンネルを掘り、やがて蛹化する。

コウチュウ目 カミキリムシ科
ベニカミキリ
Purpuricenus temminckii

体長12〜18mm。4月〜6月に現れ、アカメガシワ、クリなどの花や、樹液にも来る。

しわざのヌシ

タケ・ササで見つかる虫のしわざ

家のまわりで痕跡を探してみよう！

コウチュウ目 カミキリムシ科
タケトラカミキリ
Chlorophorus annularis

公園や人家の竹柵、放置された枯れタケなど、身近な場所で、タケトラカミキリの羽脱孔や幼虫の食痕が観察できる。写真のしわざ、東京都心の公園で撮影したもの。竹細工なども被害にあう。

幼虫が掘ったトンネルのため、竹材の壁がもろくなって剥がれた（12月）

竹柵の節の部分に、幼虫が食べ進んだトンネルの痕があった（12月）

幼 蛹 成

59

きれいな筒状に仕上がった、しわざ。
同じ木でたくさん見つかるので、よく目立つ

チョウ目 キバガ科
サクラキバガ
Anacampsis anisogramma

成虫は開帳15〜18mm。北日本では6月下旬から1回、関東以西では5月下旬と、8月頃の2回羽化する。遅いものでは9月半ばまで成虫が見られる。顔に突き出たキバのようなものは、下唇ひげ（ラビアル・パルプス）。

橙色の頭部、黒点模様が特徴

前翅前縁の白い紋と黒帯が特徴

幼虫の巣【サクラキバガ】

5月〜8月　北海道〜九州

サクラ、スモモ、ウメなどの葉先が細い円筒状に巻かれてあるのは、幼虫のしわざ。巻いた内部の葉を食し、中にフンがたくさん溜まる。成長すると別の葉に引っ越すことをくり返し、最後には葉巻巣の中で蛹化する。巻いた葉を開くと、幼虫が飛び出すこともあるので要注意。カクモンハマキも同じような葉巻巣を作るが、サクラキバガの巣では、重なり合う葉面を数か所、糸で固定しており、その点で区別できる。幼虫は成熟すると体長約12mmとなる。サクラ類の葉を巻くのはキバガ科とハマキガ科の数種がいて、巻き方にはそれぞれ特徴がある。

幼虫の巣【プライヤハマキ】

5月〜8月　北海道〜九州

クヌギやコナラの葉を2つ折りにした巣。葉裏が外側になる。あるいは、葉を2枚合わせにする。いずれも糸で綴り合わせる。フンは巣内に溜まる。

クヌギの若葉を折り合わせた巣（7月）

チョウ目 ハマキガ科
プライヤハマキ
Acleris affinatana

成虫は年2回、夏型が5月〜8月、越冬型が8月から翌春まで見られる。早春にふ化した世代は、新芽に潜り込む。

体長約15mm。巣を開くと飛び出る

開帳11〜18mm。写真は夏型（7月）

ありんこアーケード
【トビイロケアリ】

👀 1年中
📍 北海道〜九州・屋久島・トカラ列島

　樹の幹表面に木くずの帯が、根元から樹上まで続く。これは、トビイロケアリが木くずを唾液でかためて作ったアーケード。樹上にいるアブラムシまで続く。途中にアブラムシがいることも多い。アーケードは、アリをねらうノミバエの寄生を避けるためらしい。

樹木で見つかる虫のしわざ

サクラのアーケード
公園のサクラの幹に3m以上もアーケードが続いていた（10月）

クヌギのアーケード
クヌギクチナガオオアブラムシが囲われていた（10月）

ハチ目 アリ科
トビイロケアリ
Lasius japonicus

　体長2.5〜3.5mm。平地から山地までもっとも普通に見られるアリ。巣は土中や朽ち木に作られる。都心など街中でもよく見かける。結婚飛行は7月〜8月。

成
しわざのヌシ
ワーカーとアブラムシ類（9月）

幼 蛹 成

ススキでは、主に土粒でアーケードができている（9月）

虫こぶ【サクラフシアブラムシ】

4月〜5月　本州

サクラの葉表の側脈にそって、長さ2〜3cmの袋状のこぶができる。風船のように膨らんでいるが、壁は厚くてかたい。鮮やかな赤色をしており、形もニワトリのトサカに似ていることから「サクラハトサカフシ」と名がついた。ソメイヨシノ、サトザクラの葉にできる。虫こぶを形成するしわざのヌシは、サクラフシアブラムシ。

コラム　樹木で目にする虫こぶたち

サクラの葉には、サクラハトサカフシ以外にも虫こぶが形成される。1種類の樹木に、複数種の虫こぶがつく（寄生）ことは多い。またアブラムシ類では、1次寄主と2次寄主の植物とを季節によって移動し、生活サイクルは複雑である。

タマバチ類では、有性世代と無性世代があり、やはり季節によって虫こぶを形成する部位が同じ植物上でも変わり、虫こぶの形状も別種のごとく違ってくる。

サクラハチヂミフシ

サクラコブアブラムシの寄生によってできる虫こぶ。若葉が裏面を内側にして、強く縮んでいる（5月）

サクラハマキフシ

ヤマハッカコブアブラムシの寄生によってできる虫こぶ。若葉が裏面を表にして内側から縦に強く巻く。チョッキリ類の揺りかごと勘違いしそうだ（5月）

樹木で見つかる虫のしわざ

幼　蛹　成

カメムシ目 アブラムシ科
サクラフシアブラムシ
Tuberocephalus sasakii

5月〜6月にかけて有翅胎生虫が現れ、虫こぶから脱出して飛び立ち、2次寄主のヨモギに移動する。ヨモギの葉裏に集団で夏を越したあと、10月頃には、新たな有翅虫が再びサクラに戻って来る。

体長約1.8mm。虫こぶ内で産仔する幹母成虫

しわざのヌシたち

①袋状の虫こぶは、だんだんと鮮やかな赤色に変化する ②葉裏では、虫こぶの両縁がかたく接しいて、閉じている ③葉を摘み、閉じていた両縁を開いたところ。10月頃には2mm程度の隙間ができる

虫こぶの断面。中には幼虫から成虫まで、様々なステージが見受けられた（5月）

ガマズミミケフシ

ガマズミミケフシタマバエの寄生によってできる虫こぶ。果実が肥大し、緑色となる（10月）

ノブドウミフクレフシ

ノブドウミタマバエの寄生によってできる虫こぶ。果実が肥大。色は様々（9月）

タブノキハウラウスフシ

タブウスフシタマバエの寄生によってできる虫こぶ。タブノキの葉裏にできる（1月）

ナラメリンゴフシ

ナラメリンゴタマバチの寄生によってできる虫こぶ。コナラの冬芽に産卵。春、虫こぶが形成（4月）

蛹室
サクラの細い枝先が斜めに切断されたしわざ。
身近な公園などのサクラでもよく見つかる（6月）

蛹室・食痕
【リンゴカミキリ】

👀 11月〜5月　🐛 北海道〜九州・対馬

　サクラの横に伸びた細い枝先が、斜めに切断されているのが見つかる。枝の直径は約1cm。剪定バサミでスパッと切った痕のようにも見えるが、これはリンゴカミキリの幼虫が切断した、しわざ。切断面の少し奥には細かく割いた木くずが詰まっている。枝の心材部を食べ進み成熟した幼虫は、枝の先端部分の坑道部屋に落ち着き、そのまま冬を越す。木くずの栓は越冬中の幼虫を守る壁となる。春、5月に入ると幼虫は蛹化し、5月末〜6月頃には羽化して、木くずの栓を掃き出してから外に出て活動する。このしわざは、街中の公園や、庭木のサクラでも見つかる。

樹木で見つかる虫のしわざ

幼　蛹　成

幼虫が羽化して出た枝先のしわざ。栓が外れ、坑道の穴がポッカリと空いている

サクラの梢を見上げてみよう。葉裏の主脈がかじられ、茶色く変色していることがある。これは成虫が後食した痕。かじったところが貫通し、筋状の窓穴になることもある。注意深く見ていくと、後食中の成虫も見つかる。成虫はたいへん敏感なので、そっと近づいてみよう。飛んで逃げても、また別の葉の裏に止まることが多いので、諦めずに飛んで行く先を目で追いかけてみるといい。

樹木で見つかる虫のしわざ

食痕
サクラの葉裏に、茶色の筋がたくさん見つかることがある

サクラの主脈をかじる成虫。側脈は細いので貫通しやすい

コウチュウ目 カミキリムシ科
リンゴカミキリ
Oberea japonica

体長13〜21mm。黒と橙色のツートンカラーで、細長い筒状の体つきは、よく似た種類が多いが、本種はもっとも普通に見られる。幼虫はサクラ類やナシ、ボケなどの心材部を食べて育つ。

しわざのヌシ

蛹は坑道の中で、かならず枝先に頭を向けている（6月）

ボケの枝にかじり傷をつけてから産卵するメス（6月）

幼 蛹 成

＊後食とは幼虫の摂食と区別して、成虫が摂食すること

ソメイヨシノの小枝についた巻貝のような物体。
奇妙で地味な姿だが、頑丈な幼虫のすみかである

樹木で見つかる虫のしわざ

幼虫の巣【ムネアカアワフキ】

 1年中　　本州〜九州

　サクラ、ウメ、スモモなどの細い枝先に、巻貝のような形をした石灰質の付着物が見つかる。枝の色に同化してわかりづらいが、ぽっかり開いた穴が目印になる。枝に固着しており、はがそうとしても、容易にははがれない。これはムネアカアワフキの幼虫の巣で、ひとつの巣に1匹の幼虫が入っており、数個の巣が隣接して並んでいることもある。幼虫は石灰質の分泌物を出して体を覆う筒巣を作る。幼虫は口吻から伸ばした口針を枝に突き刺し、樹の汁を栄養分として吸う。余分な汁を穴からときどき排出する。若齢幼虫の巣内は透明な分泌液で満たされている。幼虫の巣は、平地の公園などに植栽されたソメイヨシノでも見つかるが、生息地は局地的で、なかなか出会えないこともある。

8月末頃、巣はかなり大きくなり、古い小さな巣（白色）から引っ越したことがわかる

幼
蛹
成

羽化
4月〜5月、幼虫は巣の外へ体を乗り出してから羽化し、成虫となる

巣断面と終齢幼虫
巣壁外側はゴツゴツしているが、内側は滑らか（2月末）

古い巣
幼虫が出た後の古い巣は白化してもろくなる

カメムシ目 トゲアワフキムシ科
ムネアカアワフキ
Hindoloides bipunctatus

成虫は4月〜5月頃、若い当年枝で見つかる。写真は交尾中のカップル。メス（画面右）の胸部は赤色で画面左のオスとは一見して区別できる。驚かすと敏捷にジャンプして逃げるので要注意。産卵は葉に行うと思われるが未確認。ふ化した幼虫は夏頃には小さな巣を形成する。成長にともない、巣は引っ越しをして大きくなる。

しわざのヌシ

終齢幼虫（体長4〜5mm）は巣から出してしまうと、体を支持できないため、狭い巣内に特化していることがわかる

翅端まで4〜5mm

＊当年枝は1年で伸びた枝のことをいう

揺りかご

揺りかごを作るメス
主脈を超えてJ字状に切れ込みを入れるメス（6月）

樹木で見つかる虫のしわざ

揺りかご・食痕
【エゴツルクビオトシブミ】

👀 4月〜8月　🐛 北海道〜九州

エゴノキの葉の根元近くにJ字状に切れ込みが入り、葉先から巻き上げた揺りかごが、切り落とされずぶら下がる。揺りかごひとつに卵を1個産むが、まれに2個のこともある。その場合、1卵しか育たない。若葉には小さな丸い食痕が目立つ。

食痕
エゴノキの若葉に残る食痕（6月）

コウチュウ目 オトシブミ科
エゴツルクビオトシブミ
Cycnotrachelus roelofsi

体長6〜9mm。ハクウンボク、フサザクラでも揺りかごを巻くが、エゴノキに多い。成虫の首は異様に長いので「鶴首」と名前についた。オスは長時間、体を直立させる。

幼　蛹　成

しわざのヌシ

オスを背負ったまま、揺りかご作りに励むメス。他のオスが来て、オス同士の争いになることもある

揺りかご【ヒメクロオトシブミ】

👀 4月〜9月　📍 本州〜九州

クヌギ、コナラ、ツツジ、フジなど、様々な広葉樹の葉で揺りかごが見つかる。巻いた揺りかごは、そのまま残る場合と切り落とされることもあり、同じメスでもとくに決まっていない。

ギュッと巻き上がった揺りかごは、ほころぶことはない（4月）

葉にかみ傷を入れ、しおれさせてから巻き上げ作業に入る（4月）

コウチュウ目 オトシブミ科
ヒメクロオトシブミ
Apoderus erythrogaster

体長4.5〜5.5mm。街中の公園から山地の林縁まで広く見られるので、観察しやすいオトシブミ。地域によっては脚の色が黒色や黄褐色となる。

しわざのヌシ

オスを背負い、揺りかごを作ったメス

揺りかご【ゴマダラオトシブミ】

👀 5月〜9月　📍 北海道〜九州

クリ、コナラ、ミズナラ、クヌギなどで、葉先にガッチリと巻き留められた揺りかご。特徴があるので、遠目にも本種の揺りかごとわかりやすい。個体数は多くはないが、その割に揺りかごはよくあちこちで見る。

揺りかごを巻き終えた黒化型のメス（6月）

コウチュウ目 オトシブミ科
ゴマダラオトシブミ
Paroplapoderus pardalis

体長7〜8mm。オレンジ色に黒色点が並び、一見テントウムシの仲間にも見える。黒色点が広がった黒化型もいる。

しわざのヌシ

前翅の肩に小さな突起がある（4月）

樹木で見つかる虫のしわざ

樹木で見つかる虫のしわざ

シリブカガシの若葉を巻いた幼虫の巣（8月）

翅を閉じていると目立たない

幼虫の巣【ムラサキツバメ】

👀 6月～10月　　🗾 本州（関東以西）～沖縄

シリブカガシ、マテバシイなどの若葉の葉表を、外側に巻いた筒状の巣。両端は閉じることなく開いているので、中にいる幼虫をのぞき見ることができる。3、4齢（終齢）の巣にはかならずアリが来ており、アリの有無で幼虫が健在かどうか判断できる。

チョウ目 シジミチョウ科
ムラサキツバメ
Narathura bazalus

照葉樹林の山地や平地林に生息。近年は関東まで定着。街中の公園に植栽されたマテバシイでも繁殖している。

幼 蛹 成

しわざのヌシ

終齢幼虫は体長約21mm。背面後部の蜜腺に、オオズアリの小型ワーカーが誘因される（8月）

開帳35～40mm。日光浴するメス。成虫で越冬（12月）

蛹室
蛹室の長さは25〜30mm（7月）

蛹室内の蛹
白い蛹には褐色の小斑点が並ぶ。体長16〜20mm

幼虫
食樹の新芽、若葉に隠蔽擬態する（7月）

樹木で見つかる虫のしわざ

蛹室【ヒメカギバアオシャク】

👀 4〜5月・8〜9月　📍 北海道〜九州

葉っぱの先端部近くに両端から広く切れ込みを入れ、葉裏側に2つ折りにして糸で綴った袋状の蛹室。側面には10個前後の丸窓がある。蛹室の前後の葉の一部はしおれている。葉の先にあり、窓穴があるので見つけやすい。

チョウ目 シャクガ科
ヒメカギバアオシャク
Mixochlora vittata prasina

越冬幼虫は褐色に筋模様で、冬芽近くの枝で見つかり、暖かい日には冬芽を食べる姿が観察できる。

しわざのヌシ
終齢幼虫は体長約25mm

開帳約21mm。白い帯状の模様、翅裏は鮮やかなウコン色

71

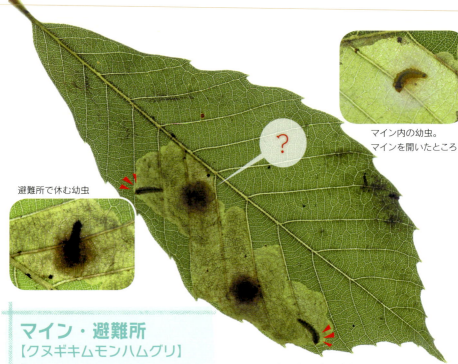

避難所で休む幼虫

マイン内の幼虫。
マインを開いたところ

マイン・避難所
【クヌギキムモンハムグリ】

👀 5月〜11月　　🐛 北海道〜九州

クヌギ、コナラ、ミズナラなどの葉に白っぽいマインができる。丸い退避所があり、食事以外はこの中で休む。葉裏に排泄口があり、マインにフンが残らない。

チョウ目 ムモンハモグリガ科
クヌギキムモンハムグリ
Tischeria quercifolia

年に2回以上発生。幼虫のマインはよく見るが、成虫の観察は難しい。茶色い避難所がマインの特徴。

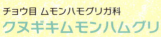

しわざのヌシ
体長約5mm

開帳8〜9mm

丸い退避所と摂食中の幼虫。ひとつのマインに、2匹の幼虫が入っている（コナラ 6月）

3匹の幼虫が育った古いマイン（コナラ）

糸で内張りした皿が2枚合わさった避難所（7月）

樹木で見つかる虫のしわざ

幼　蛹　成

マイン
クヌギの葉にあったマイン（10月末）

ふ化幼虫が潜孔した細いマイン（矢印）

マイン・蛹室
【ハスオビハマキホソガ】

👀 不詳（著者の観察は10月〜11月）
🐛 本州〜沖縄

クヌギの葉表面の皮が薄く残り、白く見えるマイン。卵からふ化して、幼虫が潜孔した細いマインからはじまり、しだいに広がっている。フンはマインの中に溜まる。

蛹室
成熟するとマインから出て、葉先をちまき型に巻く

チョウ目 ホソガ科
ハスオビハマキホソガ
Povolnya obliquatella

幼虫は、最初マインで暮らし、のちに葉巻き内に移行する。筆者の観察では10月にマイン、葉巻きが見つかり、成虫は11月に羽化した。

蛹の頭部の先に透かし窓が用意され、脱出穴となる

繭と蛹
巻いた葉の中で見つかった薄い繭

×2

幼
しわざのヌシ
幼虫は体長約7mm

成
成虫は開帳11〜13mm

樹木で見つかる虫のしわざ

幼
蛹
成

73

樹木で見つかる虫のしわざ

マイン・蛹室
【キンケノミゾウムシ】

👀 5月〜6月　🐛 北海道〜沖縄

　梢を見上げると、葉に直径4〜5mmの丸い穴が多数空いていることがある。丸い穴には幅2〜3mm、長さ4〜5cmの透けた帯がつながっている。帯の部分は、幼虫が葉に潜入して食べた痕で、丸い穴は蛹室が抜け落ちた痕である。

クリの葉の中を食べ進む幼虫。穿孔トンネルの両脇にフン（矢印）が見える（5月）

幼　蛹　成

74

蛹室作りをする幼虫
成熟した幼虫が周囲を丸く切り離し、蛹室を作っている（5月）

蛹室
遊離した蛹室。クモの糸が絡んで残っている

蛹室が抜け落ちた穴

樹木で見つかる虫のしわざ

蛹室と蛹
地面に落ちていた蛹室。
幼虫の間は蛹室が跳ねる。
蛹化すると跳ねない

コウチュウ目 ゾウムシ科
キンケノミゾウムシ
Orchestes jozanus

しわざのヌシ

幼虫はクヌギ、コナラ、クリなどの葉に潜入する。成虫は葉の裏で休んでいることが多く、後ろ脚で瞬発的にジャンプする。年1回発生し、成虫で越冬する。

幼虫は体長約5mm

成虫は体長約2.5mm

75

古い揺りかご
巻いてから日にちが経ち、変色して赤茶色になった（7月）

樹木で見つかる虫のしわざ

揺りかご・食痕
【ブドウハマキチョッキリ】

👀 5月〜7月　🐾 本州〜九州

ノブドウ（写真）、エビヅルのつるにぶら下がった揺りかごがよく目立つ。巻いた当初は緑色だが、日にちが経つと赤茶色に変色し、ただの枯れ葉に見えてしまう。若葉には、表面をかじり取った白い食痕が多い。

新しい揺りかご
葉を巻いた直後の揺りかごは緑色（7月）

コウチュウ目 オトシブミ科
ブドウハマキチョッキリ
Aspidobyctiscus lacunipennis

体長約5mm。ノブドウが生えている所ならどこにでもいる。しわざを目印に探してみよう。

食痕
葉の表面を、かじり取るように食べる

幼 蛹 成

成　しわざのヌシ

前脚と中脚をそろえて、ふんばった姿勢が特徴

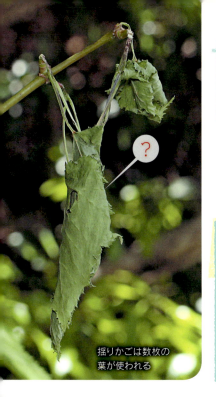
揺りかごは数枚の葉が使われる

揺りかご【イタヤハマキチョッキリ】

👀 5月〜7月　🐛 北海道〜九州

　イロハカエデ（写真）、トウカエデなど、カエデ類の若葉を数枚使って巻いている。揺りかごがほどけないように、口から出したノリ状の物質で繋ぎ止めている。揺りかごの中には、卵が数個産みつけられている。

コウチュウ目 オトシブミ科
イタヤハマキチョッキリ
Byctiscus venstus

　体長5.5〜8.5mm。鈍い金属光沢だが、鮮やかな赤色が目を引く。4月頃、広葉樹林の林縁で姿を見かけるようになる。

しわざのヌシ／成
擬死が上手い。だまされないように要注意！

揺りかご
コナラの若葉で巻いた揺りかご（4月）

揺りかご・食痕【コナライクビチョッキリ】

👀 4月〜7月　🐛 北海道〜沖縄

　都会の公園から山地の樹林まで、広い範囲のコナラ、クヌギ、クリ、カシ類の若葉で揺りかごが見つかる。葉の途中をJ字状に切り込み、縦に細く巻いてから先を折り返す。卵は巻いた葉内に2〜3個産みつけてある。

コウチュウ目 オトシブミ科
コナライクビチョッキリ
Deporaus unicolor

　体長2.4〜4.2mm。背中側から見るとひょうたん体型。小さいので、しっかり観察するにはルーペが必要。

しわざのヌシ／成
オスを背負ったまま歩くメス（4月）

食痕
クヌギの若葉表面をかじった食痕（4月）

樹木で見つかる虫のしわざ

幼・蛹・成

77

すっかり葉がなくなったクヌギの梢。このしわざのヌシ探しは、少し難易度が高い（4月）

幼虫の食痕
クヌギの葉が主脈だけになった食痕（4月）

樹木で見つかる虫のしわざ

幼虫の食痕・卵塊・巣
【サラサリンガ】

👀 ほぼ1年中　🐛 本州〜九州

　4月初め、まだやわらかいクヌギの若葉が一晩で、すっかり食べ尽くされる。これはサラサリンガの若齢幼虫のしわざ。夜間に数匹以上が群れて葉を食べる。サラサリンガは若齢幼虫で越冬し、糸で綴ったテント巣に集団で潜んでいる。テント巣は枝や幹、あるいは枯れ葉などに作られる。

6月〜7月、葉裏に見つかる卵塊は長さ約2cm。ピンク色はメスの腹端の毛束（矢印）

卵塊（左）と毛束を除いた状態
数百個の卵が、毛束で覆われている

幼・蛹・成

巣
クヌギの幹で越冬中のテント巣

枝に作られたテント巣の端をつまみ、ゆっくりめくると、中の様子が観察できる

枯れ葉で作ったテント巣は落下しないように、糸で補強されている

テント巣を開いてみた。若齢幼虫群が潜んでいた

樹木で見つかる虫のしわざ

チョウ目 コブガ科
サラサリンガ
Camptoloma interioratum

　旧名サラサヒトリ。成虫は6月〜7月。幼虫は群れる習性が強く、成熟すると昼間でも摂食するようになる。テント巣も大きくなり、10cm長ともなるが、しだいに巣を作らず幼虫集団がむき出しになる。

しわざのヌシたち
アラカシの若葉を食べる幼虫。終齢になると体長約35mm

しわざのヌシ
開帳33〜39mm。鮮やかな紋様が印象的

幼 蛹 成

79

樹木で見つかる虫のしわざ

幼虫の巣【スミナガシ】

👀 6月〜10月　　🗾 本州〜沖縄

　アワブキやヤマビワ（四国南部〜沖縄）の葉先に、主脈と一部の葉だけを食べ残し、主脈上にスミナガシの若齢幼虫が静止している。食べ残しの葉は幼虫が吐いた糸で繋ぎ止められ、すだれのようにぶら下がっており、これを「カーテン巣」とも呼ぶ。幼虫は見事な隠蔽擬態で、しなびた主脈に同化してしまう。

カーテン巣
主脈の下側で休む2齢幼虫。頭の向きは通常葉先向きだが、脱皮する前は葉柄向き（ヤマビワ 6月）

4齢幼虫
尻と前半身を持ち上げた格好で休む（ヤマビワ 6月）

チョウ目 タテハチョウ科
スミナガシ
Dichorragia nesimachus

　終齢幼虫は頭部に大きな角があり、独特な姿が人目をひく。体の紋様も大胆な分断色で尻に小さな突起まである。アワブキやヤマビワを知っていれば、幼虫に会える。

幼　しわざのヌシ
体長約55mm。終齢幼虫は葉表に居座る（アワブキ 6月）

成
開帳55〜65mm。成虫は樹液や腐果で吸汁し、花にはほとんど来ない（8月）

幼　蛹　成

水辺のハンノキで見つけた幼虫の巣（5月）

終齢幼虫の巣の壁を切り開いてみた（5月）

幼虫の巣 【ミドリシジミ】

👀 4月～5月　📍 北海道～九州

ハンノキ、ヤマハンノキなどの葉を折り曲げ（表を内側に）、糸で綴り合わせた袋状の巣に幼虫が潜む。日中は巣内で休み、日没後、あるいは曇天時には昼間にも巣を出て、近くの葉を食べる。

糸を吐いて巣を補修する終齢幼虫。休んでいるとき、頭部は体に隠れて見えない。体長約19mm

樹木で見つかる虫のしわざ

チョウ目 シジミチョウ科
ミドリシジミ
Neozephyrus japonicus

年1回発生。成虫は梅雨の頃に現れる。オスは夕方に樹上を盛んに舞い、オス同士の追飛が卍ともえ飛翔になる。産卵は8月頃で、卵越冬。樹幹や小枝に数個～数十個まとめて産卵する。

幼　しわざのヌシ

枝と葉を綴り合わせただけの簡易巣で休む終齢幼虫（5月）

成

開帳43～49mm。翅を広げて日光浴するオス。午後4時半（6月）

幼　蛹　成

終齢幼虫の巣を開けてみた（アワブキ 6月）

巣はしおれているのでよく目立つ

幼虫の巣 【アオバセセリ】

6月〜10月　本州〜沖縄

アワブキ、ヤマビワの葉先に左右から主脈まで切れ目を入れ、葉表を内側にした2つ折りの巣。終齢幼虫の巣は、主脈をかじって巣をしおらせる。スミナガシ（p.80）の幼虫は成長した葉で巣を作るが、本種の若齢幼虫は若葉を好む。

葉先端の若齢幼虫の巣。葉の縁にそって窓が数か所あるが、理由は不明（ヤマビワ 6月）

中齢幼虫の巣を開けてみた（ヤマビワ 6月）

樹木で見つかる虫のしわざ

樹木で見つかる虫のしわざ

1本のアワブキの木で見つかった幼虫の巣（9月） ×0.5

チョウ目 セセリチョウ科
アオバセセリ
Choaspes benjaminii

年2〜4回発生。スミナガシの幼虫とほぼ同時に同じ木で幼虫が見つかる。成虫は様々な花を訪れる。地上に落下させた巣内で蛹越冬。

しわざのヌシ

終齢幼虫は体長約45mm。昼間は巣内で休み、夜間、他の葉を食べに出かける

開帳40〜45mm。キンカンの花で吸蜜。牛馬や鳥のフンでもよく吸汁する（8月）

幼 蛹 成

ヤブムラサキの若葉を食べる成虫。
体長は約8mm（4月）

ヤブムラサキ
の葉表に成虫

ヤブムラサキの葉裏で休む幼虫と食痕（5月）

樹木で見つかる虫のしわざ

食痕
【イチモンジカメノコハムシ】

4月〜10月　本州〜沖縄

ムラサキシキブやヤブムラサキの若葉に、くり抜いた小さな穴が多数並ぶ。成虫も幼虫も同じ食樹。葉の両面から食べる。

コウチュウ目 ハムシ科
イチモンジカメノコハムシ
Thlaspida biramosa

成虫で越冬し、4月頃から姿を現す。幼虫は若葉が展開してから増えはじめる。産卵は葉表の先端近くに1個ずつ行われ、薄い茶色の分泌物で覆われる。

幼 蛹 成

幼虫は脱皮殻やフンを尻につけて背負い隠蔽している（5月）

しわざのヌシ

体長約8mm。飛翔する成虫。
腹側は黒い（7月）

右は葉表。左の葉裏は排泄物などで汚れる（11月）

×1

食痕【ツツジグンバイ】

 4月〜11月　本州〜沖縄

　様々なツツジ科植物の葉全体に白い斑点が残る。とくに園芸品種に多く、サツキなど身近な植え込みで食痕を見かける。ツツジグンバイの成虫と幼虫が、葉裏から吸汁することで葉に病変が生じ、斑点が出て、落葉しやすくなる。白い斑点葉が目立ってくるのは、梅雨明けから秋にかけて。

カメムシ目 グンバイムシ科
ツツジグンバイ
Stephanitis pyrioides

　成虫の体長は約3.5mmで、胸部が球状に膨らむ。翅には黒褐色のX字型模様がある。幼虫は全体に黒く、体の縁に多数の刺状突起が並ぶ。

美麗で不思議な姿。10倍程度のルーペで観察しよう

樹木で見つかる虫のしわざ

マイン（コナラ）
産卵位置（矢印）から広く食べ進んでいる。白い部分は別の昆虫の食痕。

マイン・産卵痕
【ダンダラチビタマムシ】

👀 4月〜8月　📍 本州〜九州

　4月末〜5月、コナラやクヌギの葉表に卵を埋め込むように産卵し、その後にフン粒をまぶして隠蔽する。産卵痕は丸く盛り上がる。6月〜8月、ふ化幼虫が葉に潜り、葉縁に沿って広がったマインができる。表面の薄皮が浮いて白っぽく見える。透過光で見ると、古い潜孔部分は濃い茶色となり、食べ進んだ先ほど色は薄い。幼虫の尻につながった、ひも状の長いフンが特徴のひとつ。

新しい産卵痕
産卵痕（直径約1.8mm）と、産卵後にフンをまぶすメス

古い産卵痕
マインの始点に見つかる産卵痕。黒く変色しており、ていねいに見ないと見落とす

コウチュウ目 タマムシ科
ダンダラチビタマムシ
Trachys valiolaris

　成虫は越冬後、4月〜5月初め頃に産卵し、新成虫は6月〜7月に羽化する。年に1回の発生。普通種だが、数は多くない。

幼虫は体長約8mm

成虫は体長3〜4.2mm

樹木で見つかる虫のしわざ

幼・蛹・成

マイン（コナラ）
フンの排泄口があるので、マイン内にフンは残らない（7月）
×0.75

マイン・食痕
【カタビロトゲハムシ】

👀 6月〜8月　🐛 本州〜九州

　6月初旬、コナラ、クヌギなどの葉表面に、細い筋状の白い食痕を残す。成虫が葉表面を削るようにして食べた痕で、フンも見つかる。7月になると、マインが見られるようになる。葉の縁に沿うようにして、葉表が薄く袋状に膨らむ。マインは多種の虫が作り、外見からでは識別が難しいものもある。マインは、葉を透過光で見ると中の細かい様子を観察できる。

樹木で見つかる虫のしわざ

蛹
マイン内で蛹化する

食痕
葉表面を薄く削るようにして成虫が食べた痕（6月）

コウチュウ目 ハムシ科
カタビロトゲハムシ
Dactylispa subquadrata

　成虫は落葉下で越冬。6月から現れ、7月に葉の縁に産卵する。ふ化幼虫は葉内に潜りマインを作る。7月〜8月、マイン内で蛹化する。

幼
しわざのヌシ
体長約5.6mm。マインの薄皮を剥いてみた（7月）

成
体長約5mm。別名「カタビロトゲトゲ」（7月）

幼　蛹　成

街中のヒサカキで見つけた食痕（11月）

樹木で見つかる虫のしわざ

幼虫の食痕【ホタルガ】

👀 1年中　🐛 北海道〜沖縄

　ヒサカキ、サカキ、マサキの葉に、白く透けた丸い食痕が目立つ。真冬でも食痕が見つかる。白い丸窓の食痕は若齢幼虫のしわざで、老齢幼虫は葉の縁から食べるようになる。その食べ方を「蚕食（さんしょく）」ともいう。

ヒサカキの葉裏から薄皮を残して食べる若齢幼虫（1月）

チョウ目 マダラガ科
ホタルガ
Pidorus atratus

　年2回、6月頃と9月頃に成虫が発生。昼間、チラチラと低く舞い、花にも来る。若齢幼虫で越冬。街中や都心でも繁殖し、大発生する。

しわざのヌシ
終齢幼虫の体長約27mm。触れると液を出し、独特なにおいがする

開帳45〜60mm

食痕

幼虫の食痕・卵塊
【チャドクガ】

👀 5月～6月・8月～9月
📍 本州～九州

ツバキ、チャノキ、サザンカなどの葉が網目状になった食痕。若齢幼虫が群れて、葉裏から葉肉のみを食べる。結果、かたい葉脈だけが残る。老齢幼虫になると、葉の縁から食べる「蚕食」をするようになる。卵塊は枝や葉裏にあり、メス親の黄色い尾毛に覆われている。

卵塊

メスの尾毛に覆われた卵塊と、若齢幼虫の食痕。黒い粒は若齢幼虫のフン（7月）

ツバキの葉裏で摂食中のふ化幼虫群（7月）

樹木で見つかる虫のしわざ

チョウ目 ドクガ科
チャドクガ
Euproctis pseudoconspersa

年に2回発生。幼虫の毒毛は脱落しやすく、毒毛は卵塊、成虫、繭にも付着している。卵越冬。

しわざのヌシたち

終齢幼虫は体長25～30mm（9月）

開帳約12mm。昼間、林縁で休んでいた成虫（6月）

幼 蛹 成

コマユミ（5月）　ヤマノイモ（9月）
クヌギ（4月）　ハナズオウ（7月）

ハキリバチ類が切り抜いた痕。切り抜き痕の形が違うのは、円筒形育児ケースの部材場所によって切り分けているからで、ケースの蓋は丸くなる

樹木で見つかる虫のしわざ

幼　蛹　成

クズ（9月）　ハナミョウガ（10月）

切り抜き痕・巣【バラハキリバチ】

👀 1年中　🗾 北海道〜九州

葉の縁が、きれいに丸く切り取られた痕。植物の種類は様々だが、やわらかい葉に多い。4月頃から切り痕が目立つようになる。葉の条件が合うとハチが何度も訪れるので、しばらく待っていると葉の切り取り作業を観察できる。切り抜き痕は楕円形や円形など形も様々。

育児ケース

育児ケースには、花蜜と花粉を練り合わせたゼリーを詰めてから、卵を1個ずつ産む。

育児ケースの中で育つ幼虫

クヌギ若葉に切り抜き痕（4月）

葉を脚で抱え込んでから一気に大顎で切り抜いていく（10月）

竹筒に営巣。野山では土中や朽ち木の穴などを利用する

樹木で見つかる虫のしわざ

育児ケース　フン　スリットは蓋がはまる場所

部材によって切り取った葉の形状は様々。丸型はすべて蓋で、他はケースの底や側壁に使う

ハチ目 ハキリバチ科
バラハキリバチ
Megachile nipponica

ハキリバチの仲間は、切り取った葉を使って育児ケースを作る。竹筒のような円筒型の空間が営巣に適している。

体長約10mm。花粉を集める成虫

幼 蛹 成

91

クヌギの枝についたドーム型の蓋

幼虫の巣【コウモリガ】

👀 1年中　　📍 北海道〜九州

　太い幹から細い枝などに、長径5〜15cmほどのドーム状のものが目立つ。これはコウモリガの幼虫が、木くずを糸で綴ったもので、幹や枝内に穿ったトンネル巣の蓋の役割をしている。蓋といってもドームはトンネル開口部から浮いており、幼虫は排泄をドーム内で行う。ドームを剥がすと、その日のうちにも幼虫が補修する。ドームは外敵の侵入を防ぐための役割もある。

トンネル巣から樹液が溢れることも多い

チョウ目 コウモリガ科
コウモリガ
Endoclita excrescens

　終齢幼虫は頭幅約6mm、体長約60mm。クヌギ以外にもアカメガシワ、キリ、クサギ、クリやイタドリなど、多種類の樹木や草花の茎や幹、枝に穿孔して成長する。成虫は8月〜10月に羽化する。

頭をトンネル開口部に向けて潜む　しわざのヌシ

開帳45〜110mm。羽化後、昼間は休み黄昏時に活動する

| コラム | **コウモリガは樹液レストランを作るヌシ** |

幼虫のトンネル巣の長さは15〜20cm程度。開口部はトンネル上部にある。ふ化してから草木の葉を食べたあと、茎内に食入しその翌年、あるいは翌々年の8月〜10月に羽化する。蛹化する前にトンネル開口部に糸と植物繊維を使って厚みのあるスポンジ状の白っぽい栓をする。羽化の際、蛹は栓を頭で突き外し、ドーム蓋を突き破り、半身をのり出す。羽化後、蛹殻がドーム蓋に残ることも多い。枝や幹に深く穿孔するため、巣開口部から樹液が滲み出ることが多く、樹液レストランとなる。

トンネル巣と幼虫

スポンジ状の栓（矢印）と、栓を突き破った蛹の頭

ドーム蓋に残る蛹殻と成虫

食痕・幼虫の坑道
【クワカミキリ】

👀 6月〜8月　📍 本州〜九州・対馬・屋久島

クワ、ヤマグワの若い枝の皮がかじられて白くなった食痕。長さは15cmほどになることもある。カミキリムシでは、幼虫が育つ食樹で、成虫が摂食することを「後食」という。クワカミキリの幼虫はクワやイチジク、ヤナギなど、多くの種類の広葉樹の材中で育つ。

食痕
イヌビワの若枝についた食痕（9月）

後食するオス（左）とメス（9月）

樹木で見つかる虫のしわざ

伐採木の坑道
ヤナギ類で見つかった幼虫の坑道（12月）

坑道内の幼虫
河川のヤナギ類に穿孔していた（12月）

コウチュウ目 カミキリムシ科
クワカミキリ
Apriona japonica

成虫は体長32〜45mm。6月〜10月に現れる。クワ、イヌビワ、ケヤキ、ブナなど、多くの広葉樹が食樹。心材を食害するので木が衰弱しやすい。

体長約80mm。ヤナギ類の材中にいた幼虫（12月）

クワで後食していたメス（9月）

しわざのヌシ

幼 蛹 成

94　＊後食とは幼虫の摂食と区別して、成虫が摂食すること

食痕・羽脱孔
【センノカミキリ】

🗓 7月〜10月
📍 北海道〜九州・奄美大島・沖永良部島

食痕
タラノキの当年枝についた食痕（8月）

タラノキやハリギリなどの、その年に伸びた枝の樹皮がかじられて白くなった食痕。食痕は当年枝のつけ根辺りに多い。上の食痕は、センノカミキリが後食した痕。幹の低い位置に10〜15mm程度の丸い穴が見つかる。センノカミキリの羽脱孔である。

コウチュウ目 カミキリムシ科
センノカミキリ
Acalolepta luxuriosa

成虫の体長15〜40mm。メスの方が大きい。タラノキ、ハリギリ、ヤツデなどウコギ科の植物を食樹とする。関東では栽培ウドの害虫となっている。

羽脱孔
新成虫が出た穴。樹は幼虫の食害により枯死している（8月）

後食するメスと求愛するオス（8月）
しわざのヌシ

樹木で見つかる虫のしわざ

＊当年枝は、1年で伸びた枝のことをいう

産卵痕・羽脱孔・食痕
【キボシカミキリ】

👀 5月〜11月　📍 本州〜沖縄

　クワやイチジクなどの幹表面に、引っ掻き傷のような産卵痕が多数見つかる。また、5月頃から同じ木の葉には、葉裏側の葉脈にかじった茶色の食痕と、葉を真ん中から雑にかじり空けた、大きな食痕が目立つようになる。衰弱した樹では幹の低い位置に、成虫の羽脱孔も見つかる。

産卵痕
クワの幹の小さな穴から樹液がたれて、穴の周囲には幼虫のフンが出ている（9月）

メスは幹の表面を大顎で掘削し、小さな穴を穿つ。穴堀りが終わると体を反転して、産卵管を突き刺して産卵する（クワ 11月）

羽脱孔
クワの衰弱木に羽脱孔があった。直径約10mm。羽脱孔は1年中見られる（2月）

クワの葉で後食する。フンは紐状（8月）

フン

樹木で見つかる虫のしわざ

コウチュウ目 カミキリムシ科
キボシカミキリ
Psacothea hilaris

クワ、イチジク、イヌビワ、コウゾ、アコウ、ガジュマルなどクワ科植物、ミカン類、ヤツデ、カクレミノ、ムクノキなど、広葉樹の多くを食樹とする。

しわざのヌシ

成虫は体長15〜31mm

食痕
クワの葉のつけ根側の葉脈をかじってから、葉脈を中心に葉を食べている。クワやイヌビワ、イチジクの場合、乳液が滲出するので、その予防策かと思う（6月）

幼　蛹　成

＊後食とは幼虫の摂食と区別して、成虫が摂食すること

樹木で見つかる虫のしわざ

木くずのようなミヤマカミキリの幼虫のフン（クリ 6月）

幼虫のフン【ミヤマカミキリ】

👀 1年中
🐛 北海道〜九州・対馬・屋久島

クリの樹の幹の低い位置で、樹皮が肥大してめくれ、そこから木くずのような大量のフンが出ている。幼虫が材中に潜孔して、フンは穴から掃き出している。幼虫は心材部にトンネルを掘るので、数が多くなると樹は衰弱する。寄生バチのウマノオバチは、このフン排泄口から長い産卵管を挿入する。

コウチュウ目 カミキリムシ科
ミヤマカミキリ
Apriona japonica

成虫は体長32〜57mmで、大型のカミキリムシ。低地の雑木林に多い。5月〜8月に現れ、クヌギなどの樹液に来る。

夜、コナラの幹で産卵中のメス（8月）

体長約52mm。伐採したクヌギの坑道にいた幼虫（11月）

しわざのヌシ

幼 蛹 成

エノキの根元に溜まったフン
(東京都清瀬市 7月)

幼虫のフン
【ゴマフボクトウ】

👀 7月～9月
🐾 北海道・本州・九州・対馬・屋久島

ブナ科、バラ科、ヤナギ科、ツバキ科など、多くの樹木の根際に細かい球状のフンが多数目立つ。樹の中にゴマフボクトウの幼虫が坑道を作っていて、そこから排泄されたもの。

根際に開いた排泄口は直径約5mm

チョウ目 ボクトウガ科
ゴマフボクトウ
Zeuzera multistrigata leuconota

2年に1回発生とされるが不詳。成虫は7月～8月に現れる。越冬幼虫は若齢と熟齢が見つかる。成虫は開帳35～70mm。

しわざのヌシ

体長35～50mm。幼虫の胸部には、かたい突起が多数並んでいる

樹木で見つかる虫のしわざ

幹の断面
ツツジの坑道にいた幼虫(7月)

幼 蛹 成

99

ヤシャブシの立ち枯れに、堀りはじめの窪みがあった（6月）

後ろ脚に花粉を貯めて帰巣

水平に伸びる枯れ枝の下側に開口（クスノキ 6月）

樹木で見つかる虫のしわざ

巣【クマバチ】

👁 1年中　🗾 北海道〜九州・屋久島

樹の枝にきれいにくり抜いた直径約12mmの丸い穴（上の写真はエゴノキ）。クマバチの巣の出入り口だ。巣口から雨が入らないよう、直立した枝にあるか、水平や斜めになっている枝では地面向きに開口している。枝の太さは径5〜10cm、枯れ枝が必須条件。古い梁などの建材に営巣することも多い。

ハチ目 コシブトハナバチ科
クマバチ
Xylocopa appendiculata

メスが単独で巣を作り、坑道内に区切られた育房室に花粉団子を貯めて産卵する。坑道は巣口から左右に分岐し全長は約30cm。

しわざのヌシ

体長約22mm。古い巣内で成虫越冬

幼・蛹・成

ヒラズゲンセイ

巣内に産卵したヒラズゲンセイのメス。ふ化幼虫は巣内で就眠するクマバチの体にのり移ると思われる（宮崎県都城市 6月）

100

羽脱孔【ヒラアシキバチ】

👀 1年中　📍 本州〜九州

衰弱した、あるいは朽ちた、主にエノキの幹表面に多数の穴が見つかる。直径約5mm。羽化は10月前半の晴れた日で、きゅうくつそうにしてゆっくりと姿を現す。この時期に耳を近づけると、羽脱孔を掘る「パチパチ」という音する。

羽脱孔から尻を抜くところ（10月）

樹木で見つかる虫のしわざ

ハチ目 コキバチ科
ヒラアシキバチ
Tremex longicollis

体長25〜30mm。オスは極めて少ない。メスは錐のような産卵管でかたいエノキの樹皮下に産卵する。

しわざのヌシ

成

材から出た直後で白い木くずまみれ

コラム　抜けない産卵管

エノキの幹に、ヒラアシキバチのメスの死がいや、腹部だけが残っている光景はよく目にする。産卵したあと、産卵管が抜けなくなってしまうことが多いからだ。抜けず、もがいている所をスズメバチに襲われることもある。まさに産卵は命がけなのである。

産卵管が抜けず力尽きたメス

幼　蛹　成

産卵痕【アオマツムシ】

👀 1年中　🐛 本州〜九州

　大人の目線の高さを中心に、樹の幹に白い小さな窪みが見つかる。直径は約5mm。樹種は様々。10月頃、アオマツムシが樹皮をかじって穴を堀り、産卵した産卵痕である。

ミズキの幹の産卵痕から樹液が溢れている（2月）

樹木で見つかる虫のしわざ

産卵
産卵ごとに、口でほぐした繊維で栓をする（マユミ）

卵（樹皮断面）
マユミの枝で産卵するメス。樹皮下に上下4方向に産み込む（10月）

バッタ目 マツムシ科
アオマツムシ
Truljalia hibinonis

　成虫は体長約22mm。明治時代に中国から入った帰化昆虫。都心部から地方へと急激に分布を広げる。8月頃から夜にリーリーリーと鳴きはじめ、気温が下がる12月頃には昼間も鳴くようになる。

成　しわざのヌシ
メス（右）のかたわらで奏でるオス（10月）

幼・蛹・成

ヤブムラサキの小枝にあった産卵痕（12月）

産卵痕の断面
卵が2列交互に並んでいる

ふ化連続
ふ化は4月末〜5月の早朝、一斉にはじまる。卵殻を破ったのち、逆さまで脱皮する

樹木で見つかる虫のしわざ

産卵痕【サトクダマキモドキ】

👀 1年中　🗾 本州〜九州

　様々な広葉樹の細い枝で、枝の下側に白い木くずがはみ出した産卵痕が見つかる。長さは5〜10cm。木くずを触ってもかたくしまっていて、簡単にはそぎ落とせない。サトクダマキモドキのメスが、9月〜10月頃に産卵した産卵痕だ。

バッタ目 キリギリス科
サトクダマキモドキ
Holochlora japonica

　成虫の体長約50mm。雑木林の林縁にじっと潜伏していて、いきなり大きな体が空中に舞い、驚かされることもある。飛び方はゆっくりで、薄い透明な翅が優雅だ。長刀のような産卵管の先端は鋸のようになっている。

しわざのヌシ

口で枝を切り裂き、産卵管を突き刺して産卵（マユミ）

幼　蛹　成

103

樹木で見つかる虫のしざわ

虫こぶ
【オオモモブトスカシバ】

👀 1年中
🐛 北海道〜九州・屋久島・石垣島

キカラスウリ、カラスウリの茎の地上から1〜2mほどの高さにこぶが見つかる。長さ5cmほどで、白い木くず（フン）が裂け目から溢れ出ている。数個が1本の茎に並んでいることもある。こぶが大きい場合、中には幼虫が数匹入っている。この幼虫の巣は虫こぶで、キカラスウリツルフクレフシと呼ばれる。

キカラスウリの茎にできた虫こぶ（1月）

つる性多年草のキカラスウリ。実はカラスウリより大きく、黄色に熟す（11月）

チョウ目 スカシバガ科
オオモモブトスカシバ
Melittia sangaica

幼 蛹 成

7月〜8月に羽化、昼間、敏捷に飛翔し各種の花に来る。虫こぶで成長した幼虫は、地面に降り地中の浅い場所で土繭を作りその中で蛹化する。

幼
しわざのヌシ
体長約18mm。虫こぶ内にいた幼虫（10月）

成
開帳15〜20mm。飛ぶ姿はマルハナバチにそっくり

虫こぶ
【ヒメアトスカシバ】

1年中　本州〜九州

　ヘクソカズラの茎に長さ2〜4cmのこぶが見つかる。街中でも普通に見かける。こぶはかなりかたくて丈夫。中で幼虫が育っているが、割り開かない限り幼虫の姿を見ることはできない。虫こぶはヘクソカズラツルフシと呼ばれる。

虫こぶの断面
大きな虫こぶでは、幼虫が2匹以上入っていることもある（2月）

ヘクソカズラの茎にできた虫こぶ（3月）

樹木で見つかる虫のしわざ

チョウ目 スカシバガ科
ヒメアトスカシバ
Nokona pernix

　5月下旬〜7月に羽化し、成虫は9月まで見られる。幼虫は8月下旬には成熟し、黒い繭を作って越冬。翌年4月に蛹化。繭壁は薄いが強固。

幼　しわざのヌシ
終齢幼虫は、体長約10mm（2月）

成　開帳21〜29mm。交尾中のペア。左がメス（6月）

105

産卵痕
【エゴヒゲナガゾウムシ】
（ウシヅラヒゲナガゾウムシ）

👀 7月〜9月初　　🗾 本州〜九州・対馬

5月頃、雑木林に白いシャンデリアのごとく花をつけるエゴノキ。花が終わって7月に入ると、薄緑色の果実が目立ってくる。7月下旬になると、その果実に鋭い爪でえぐったような痕が見つかる。場所によっては、その爪痕が果実の70〜80％以上の数になることもある。

樹木で見つかる虫のしわざ

種子についた産卵痕（矢印）
熟れた果実に残る爪痕。果肉が縮むとかたいコーヒー豆のような種子が顔を出す

果肉に産卵穴を掘るメス

種子内に産みつけられた卵

幼　蛹　成

羽脱孔と産卵痕
クヌギの羽脱孔。樹皮が上下にめくれて裂け、樹液が出ている部分は産卵痕（7月）

樹木で見つかる虫のしわざ

産卵痕・羽脱孔
【シロスジカミキリ】

👀 1年中

🐛 本州〜九州・奄美大島・徳之島

　コナラ、アラカシ、クヌギなどブナ科、及びヤナギ科の各種の幹で、特徴ある産卵痕と羽脱孔が見つかる。産卵痕は地上から1mくらいの幹を取り巻くように、直径1cmほどの赤褐色の浅い傷が並ぶ。古い産卵痕は色あせるが、黒ずんで残る。羽脱孔は地上から1〜2mほどの間の幹表面に、直径15mmほどの大きな穴となる。1本の樹に多数の羽脱孔がついていることもあり、その場合には樹が著しく衰弱する。

幼 蛹 成

コナラについた産卵痕。左上には羽脱孔が見える（8月）

アラカシの羽脱孔。翌夏にはすべての穴が塞がっていた（5月）

樹木で見つかる虫のしわざ

羽脱連続
ヤナギ類から羽脱。午後1時45分、穴を削る大顎が見えた。午後1時54分、体が一気に出て来た（5月）

コウチュウ目 カミキリ科
シロスジカミキリ
Batocera lineolata

　樹皮から木質部に潜孔した幼虫は、楕円形のトンネルを上部に向かって掘り進む。産卵痕は上下にめくれ、横に裂け、そこからフンを排出する。時におびただしいフン（見た目は白い木くず）が地面に積もることもある。排出口から樹液が滲み出るので、多くの昆虫が集まる樹液レストランとなる。

しわざのヌシ

体長40〜55mm。写真の個体はオスで触角が長い

幼 蛹 成

109

ガマズミの葉に、サンゴ
ジュハムシの食痕（6月）

樹木で見つかる虫のしわざ

食痕・産卵痕
【サンゴジュハムシ】

👀 5月〜11月　🐛 北海道〜沖縄

サンゴジュやガマズミの葉に、小さ
な穴が無数に空く食痕。1本の樹全体
に及ぶので、遠目にもよく目立つ。産
卵痕は小枝に泥を塗りつけたようでゴ
ミのように見え、それと意識して見な
い限り、見落としてしまいそうだ。

幼

蛹

成

幼虫と食痕
サンゴジュの若葉を食べる幼虫（4月）

被害葉の食痕は初冬まで残る（11月）

110

産卵痕
泥状の分泌物で覆われている。ガマズミの枝

産卵するメス
樹皮に傷をつけたあと、数個を産み込み、分泌物で覆う（10月）

樹木で見つかる虫のしわざ

コウチュウ目 ハムシ科
サンゴジュハムシ
Pyrrhalta humeralis

庭や公園の生け垣などでも大発生することがあり、身近なしわざの代表。卵越冬で4月にふ化した幼虫は3齢を経て土中に潜り蛹化。新成虫は6月に現れ、真夏は夏眠し、9月から再び活動する。

体長約10mm（4月）

体長6〜7mm。交尾するペア（10月）

幼 蛹 成

111

樹木で見つかる虫のしわざ

ヌルデの若葉がしおれている（5月）

茎内の卵
産卵孔の上下に、2〜3個のかみ傷がある

産卵痕と産卵を終えたメス（5月）

産卵痕【ホホジロアシナガゾウムシ】

👀 5月　🐛 本州〜九州

5月、ヌルデの小木を見ていくと、若枝の先端近くでしおれて、折れているのが目につく。風で折れたわけではなく、ホホジロアシナガゾムシのメスのしわざ。折れたところから少し下の茎には穴が数個、縦に並んでおり、これが産卵痕。ハゼ、コウゾ、アカメガシワの若枝でも見つかる。

コウチュウ目 ゾウムシ科
ホホジロアシナガゾウムシ
Merus erro

体長6〜9mm。5月、ハゼやヌルデでよく見かけるが、生態は不詳。ヤマザクラの小枝にしがみついて越冬している成虫を観察したことがある。

しわざのヌシ

ヤマザクラの枝で越冬する成虫

産卵痕【ヒラタミミズク】

👀 1年中　🐛 九州〜沖縄

常緑樹林のモクタチバナの枝や幹に、「あばた」のような楕円形の浅い窪みが見つかる。よく見ると中心部に縦の筋が入っている。これはヒラタミミズクが産卵する際に産卵管で切り開いた部分が、木の成長にともない変化してできた産卵痕である。大きいものでは横幅10.5cm、縦幅6.5cm。

樹の成長で産卵痕は円形になる

産卵痕と卵
産卵後の産卵痕。円内は、枝に産み込まれた卵の様子

時間の経った産卵痕
右は3か月、左は1年経った産卵痕

樹木で見つかる虫のしわざ

カメムシ目 ヨコバイ科
ヒラタミミズク
Tituria angulata

モクタチバナやタブノキの葉表にピッタリと貼りつき、葉に溶け込んでしまう。幼虫の体はうすく、周囲が透明になって影ができないので、隠蔽効果は抜群。成虫は植物のトゲのように見える。

翅芽のある終齢幼虫（9月）

しわざのヌシ

体長約15mm。9月〜10月に羽化

幼 蛹 成

若齢幼虫
サルトリイバラの若葉裏にいた若齢幼虫

ふ化幼虫
ふ化幼虫の食痕と卵殻（4月）

樹木で見つかる虫のしわざ

幼虫の食痕【ルリタテハ】

👀 4月〜9月　　🐛 北海道〜沖縄

サルトリイバラの葉に、葉縁から食べ進んだ食痕が目立つ。新しい食痕のある葉をめくってみると、幼虫は葉裏にいる。ふ化幼虫の食痕は、葉裏から葉肉を丸くかじり薄皮が残るので、葉を太陽光に透かして見つける。

中齢〜終齢幼虫以降の食痕（5月末）

チョウ目 タテハチョウ科
ルリタテハ
Kaniska canace

山地から丘陵地、平地で、林床にサルトリイバラが生えている林で普通に見られる。秋にはホトトギスでも幼虫が見つかる。幼虫の刺は触れても害はない。

しわざのヌシ

終齢幼虫は体長約43mm（5月）

開帳約65mm。越冬後は花に来るが、夏〜秋の餌は樹液や腐果（12月）

マイン・繭
【サルトリイバラシロハモグリ】

👀 6月〜9月　📍 本州〜九州

　サルトリイバラの葉の中央部に、茶褐色のマイン。葉を透かしてみると、マイン中央に黒いフンが溜まっているのがわかる。通常、ひとつのマインには1匹の幼虫が入っているが、2匹以上入っていることもある。マインの大きさは、葉に対して右写真のものがほぼ最大クラス。

チョウ目 ハモグリガ科
サルトリイバラシロハモグリ
Proleucoptera smilactis

　成虫は5月下旬〜6月と、7月下旬〜10月にかけて年3回発生。マインはよく見るが、成虫にはあまり出会えない。繭の中で幼虫越冬。

しわざのヌシ

繭はテント状で長さ約10mm

成虫は開帳7〜8mm

コラム　区別の難しい食痕

　サルトリイバラには様々な虫がつくが、ルリタテハ（p.114）の幼虫の食痕と見分けがつかないものもある。6月頃、葉上でとぐろを巻くような格好で休んでいる、トガリハチガタハバチの幼虫が見つかる。この幼虫が食べた食痕は、ルリタテハ幼虫のものとそっくりである。

幼虫の体長23〜25mm。成熟すると土中で繭を紡ぐ。成虫の姿はムモンホソアシナガバチにそっくり

樹木で見つかる虫のしわざ

クマイチゴの葉先にあった、ハネナシコロギスの巣

樹木で見つかる虫のしわざ

隠れ巣
【ハネナシコロギス・コバネコロギス】

👁 1年中
📍 北海道〜沖縄（ハネナシコロギス）
　　本州〜沖縄（コバネコロギス）

幼 蛹 成

　広葉樹の多くの葉で、切れ込みを入れて折り曲げ、重ねた袋状の巣が見つかる。葉は、比較的やわらかいものが選ばれ、とくに決まった樹種はない。切れ込みは基本、葉の縁から4か所に入っているが、葉の状態によっては、2本あるいは3本のこともある。成虫も幼虫も共に巣を作るので、小さいサイズは幼虫のものとわかる。巣があっても、開けてみると空っぽのことも多いが、開けるときはビニール袋か捕虫網などでスッポリ被せておくと、飛び出したコロギス類を見失うことはない。コロギス類は夜行性で昼間は巣内で休み、ひとつの巣を長く使用せず頻繁に引っ越しする。

コナラの若葉を2つ折りにした巣。中の幼虫が透けて見える（5月）

バッタ目 コロギス科
ハネナシコロギス
Nippancistroger testaceus

体長13〜18mm。名前のごとく翅はない。4月〜8月、夜間、梢を渡り歩いて獲物を探す。生態全般の観察は難しい。

しわざのヌシ

巣から出したメスの成虫（5月）

モチノキの葉にあった空き巣（9月）

切れ込みが4か所（アオモジの葉）

❶葉の縁から切り込む ❷全脚をふんばって葉を曲げる ❸糸で綴り合わせる ❹まんべんなく綴る ❺巣内でも糸で補強

アオモジの葉にコバネコロギスの巣

バッタ目 コロギス科
コバネコロギス
Neanias magnus

体長12〜28mm。名前のごとく、小さな翅がある。本種やハネナシコロギスは小柄なので問題ないが、大型のコロギスに咬まれるとかなり痛い。

成　しわざのヌシ

アオモジの巣を開いてみた（10月）

樹木で見つかる虫のしわざ

幼　蛹　成

117

樹木で見つかる虫のしわざ

葉裏の主脈を
かじっている

葉裏主脈の食痕。ルーペで見るとよくわかる（6月）

食痕【ルリカミキリ】

👀 5月～7月
🐛 本州～九州・奄美大島・徳之島

　カマツカ、ナシ、ハナカイドウ、ヒメリンゴ、セイヨウベニカナメモチなど、バラ科植物の葉で見つかる食痕。食痕は葉の葉脈や葉柄をかじったもので、茶色に変色する。見慣れるまでは、注意深く見ないとそれと気づきにくい。まさに、さりげない食痕ではある。

幼 蛹 成

コウチュウ目 カミキリムシ科
ルリカミキリ
Bacchisa fortunei japonica

　光りの当たり具合で上翅の藍色が、きれいな光沢を放つ。葉裏にいるのと小さいので目立たないが、うんと近づき白紙などの反射光で観察するといいだろう。

成

しわざのヌシ

体長9～11mm。人の気配には敏感だ

食痕
【ニセリンゴカミキリ】

👀 5月～8月

🐛 本州（愛知県以西）～九州

　スイカズラの葉に、葉脈に沿った線状の食痕がある。幅が2mmほど、長さもあるので、かなり目立つ。食痕が伸びて、葉縁を断ち切ることはなく、葉の内側に納まり、絵文字のように見える。

樹木で見つかる虫のしわざ

スイカズラの葉裏で、後食するニセリンゴカミキリ。摂食はかならず葉裏側で行う（6月）

コウチュウ目 カミキリムシ科
ニセリンゴカミキリ
Oberea mixta

　本種と近似種のシラハタリンゴカミキリは、本州の静岡県以東に分布しており、スイカズラを後食するなど、生態もそっくり。リンゴカミキリの仲間もたいへん敏感なので、観察するときは慎重に行う。

成

しわざのヌシ

体長11～18mm

＊後食とは幼虫の摂食と区別して、成虫が摂食すること

マイン【ウメチビタマムシ】

👀 5月〜6月　📍 本州〜九州

　ウメ、スモモ、アンズの葉に、幼虫が形成したマインが目立つ。葉肉が抜けて白く見えるが、透かしてみれば中に潜む幼虫と、黒い泥状のフンがよくわかる。マインの位置は葉の縁に沿うようにしてある。葉の縁に産卵されたため、マインの場所も縁からはじまる。

幼虫
マインの中を食べ進む。フンは水分が多く泥状（6月）

蛹
マインの中で蛹化した（6月）

コウチュウ目 タマムシ科
ウメチビタマムシ
Trachys inconspicua

　初夏の頃、マインが増える。ウメ林では多数のマインが見つかる。成虫はかなり小柄なので、注意深く観察しないと見逃してしまう。

チビタマムシ特有の体つき

体長2.5mm。ともかく小さい

幼虫の食痕
【カキノヘタムシガ】
👀 6月〜7月・10月〜11月
🐛 本州〜九州

　初夏と秋、カキの果実のヘタのところをよく見てみよう。糸で綴ったフンが見つかることがある。フンを取り除くと、ヘタに小さな穴が開いているのがわかる。これはカキノヘタムシガの幼虫のしわざ。幼虫は果実の内部深く食べ進んでいるので、割り開かない限り姿は見えない。

幼虫の食痕（カキの実の断面）
食害部は黒く変色する。食害が進行すると果実は地上に落ちる（10月）

フン塊と潜入孔
ヘタの穴から出たフン塊。フンを除くと穴が見える

樹木で見つかる虫のしわざ

チョウ目 マルハキバガ科
カキノヘタムシガ
Stathmopoda masinissa

　年2回、初夏と秋に幼虫が発生。加害された果実は枝に残ったものと、落果したもの両方で観察できる。昼間、成虫は葉裏に静止している。交尾は日の出前の薄暮時に行う。

しわざのヌシ
終齢幼虫は体長約10mm

開帳約15mm。後脚脛節に黒い房状の毛がある（5月）

幼 蛹 成

121

越冬巣
越冬巣のサイズは5〜7mm。小さく目立たない

樹木で見つかる虫のしわざ

幼虫の巣
【イチモンジチョウ】

1年中　北海道〜九州

　スイカズラの葉先で主脈を残し、葉片をぶら下げた隠れ巣。スイカズラは街中の生け垣や公園にも多く、幼虫巣はすぐに見つかる。タニウツギ、ウグイスカグラでも見つかる。秋に育つ3齢幼虫は、台形に切り詰めしおれさせた葉を2つ折りにし、その中で越冬する。

隠れ巣
ウグイスカグラの巣（1齢）。主脈先端にフン塔を延長する習性がある（6月）

チョウ目 タテハチョウ科
イチモンジチョウ
Limenitis camilla

　成虫は5月頃から現れ、10月まで3〜4回発生する。北方では1回。林縁などをゆったり滑空する。幼虫は全ステージ、葉表にいるので観察しやすい。

終齢幼虫は体長約25mm。への字姿勢をとる（9月）

開帳約29mm。様々な花や獣フン、樹液に来る。地面で吸水もする（6月）

幼虫のいない古い食痕（6月）

主脈をかじる1齢幼虫（6月）

幼虫の食痕【イシガケチョウ】

👁 5月〜11月　📍本州（近畿地方以西）〜沖縄

イヌビワの葉先を両側から食べ進み、主脈のみ残した食痕が見つかる。とくに若葉に多い。食べ残した主脈の下側に、若齢幼虫が止まっていることもある。葉の裏側を見ると、主脈の先のほうに茶褐色のかじり痕がある。1齢幼虫の場合、主脈先にフン塔を延長しているので、ルーペでしっかり見てみよう。

2齢幼虫。2齢以降の幼虫はフン塔を作らない

フン塔を積む1齢幼虫。糸で綴って固定する（6月）

樹木で見つかる虫のしわざ

チョウ目 タテハチョウ科
イシガケチョウ
Cyrestis thyodamas

山間の渓流沿いに多く、成虫ははばたきと滑空をくり返すようにして、敏捷に舞う。驚くと葉裏に翅を広げたまま貼りつく。イチジク、ガジュマル、アコウも食樹。

しわざのヌシ

体長は約55mm。終齢幼虫は頭を伏せ、尻を持ち上げる格好で葉表にいる

開帳45〜55mm。地面に群れて吸水することも多い。成虫で越冬する

幼虫の巣
【タブノキハマキホソガ】

6月〜7月　本州〜沖縄

　タブノキの大木が混じる常緑樹林内を歩いていると、地面におびただしい数の「ちまき型」葉巻が落ちている。時期は6月初め。頭上のタブノキを見上げると、葉巻がそこから落ちてきたことがわかる。葉巻のかたわらの落ち葉には、小判型の繭も多数見つかる。

樹木で見つかる虫のしわざ

葉巻の内側には主脈をかじった痕と、小窓が並ぶ。かじったのは葉をしおれさせて、ちまき型に巻くためだろう。小窓はない巣もあり、何のためか不明

幼　蛹　成

葉巻の幼虫巣が落下する仕組みは謎。幼虫が切断した？

ナヨウ目 ホソガ科
タブノキハマキホソガ
Caloptilia syrphetias

若齢時はタブノキの葉に潜入しマイン内で成長、後にマインを出て葉巻巣内で暮らす。成虫は7月に羽化するが、年に何回発生するか不明。

体長約10mm。葉巻内にフンが溜まる

繭と蛹
葉巻の内側を食べて成熟した幼虫は、巣を出て落ち葉に移動し、落ち葉の湾曲部を底にした、楕円形の薄い繭を紡ぐ。蛹は1週間ほどで羽化する（6月）

開帳約15mm。独特のポーズでふんばる

樹木で見つかる虫のしわざ

*ハスオビハマキホソガ（p.73）も同じ仲間だが、繭は巣内で紡ぐところが違う

産卵痕 【ハイイロチョッキリ】

👀 8月末〜10月　🚶 北海道〜九州

　雑木林の地面に、どんぐりつきの葉が点々と落ちている。台風か強風のしわざと思っている人も多いようだが、じつはハイイロチョッキリが切り落としたもの。産卵した後に枝ごと切り落とすのは、植物の抵抗力を減じるためとも考えられている。

殻斗についた産卵痕

ハサミで切ったような切断面

地面や崖で見つかる虫のしわざ

幼　蛹　成

どんぐりつきの枝を落としたしわざのヌシは
樹上にいて、容易には見つからない

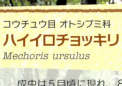

コウチュウ目 オトシブミ科
ハイイロチョッキリ
Mechoris ursulus

成虫は5月頃に現れ、8月頃、若いどんぐりに長い口吻を使って穴を穿ったあと、産卵する。どんぐり1個につき産卵数は1個。メスの産卵行動中、オスがマウントしていることも多い。クヌギのドングリにも産卵する。

しわざのヌシ

体長約9mm。体は毛深く口吻が長い

どんぐりの断面
どんぐりの中へ産み込まれた卵

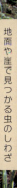

地面や崖で見つかる虫のしわざ

産卵後2週間

成長した幼虫

127

殻斗が外れて現れた産卵痕。産卵孔は塞がれている

幼虫の脱出穴・産卵痕
【コナラシギゾウムシ】

👀 1年中　　🗾 北海道〜九州

コナラのどんぐりに、直径2〜3mmの穴が見つかる。これは、どんぐり内の子葉を食べて成熟した幼虫が、2時間ほどかけて穴を穿ち、外に出た際の穴である。穴の直径は幼虫の頭が余裕で通るサイズ。1個のどんぐりに通常、穴は1個（ごく稀に2個）。どんぐりの外に出た幼虫は土中に潜り、蛹室を作って翌年蛹化して羽化する。あるいは2〜3年目に蛹化し、羽化する場合もある。

地面や崖で見つかる虫のしわざ

幼虫の脱出
大顎で殻を削り丸く穴を穿つ作業には2時間前後かかる。頭部が抜け出たあと、太い胴部は伸縮しながら窮屈そうに外に出てくる

コウチュウ目 ゾウムシ科
コナラシギゾウムシ
Curculio dentipes

長い口吻を錐のように使い、かたいどんぐりに穴を穿つ。そのためボール状の頭部は、カメラの自在雲台のごとく回転稼動ができる構造になっている。産卵後、どんぐりは切り落とさない。コナラのみで産卵。

幼虫の体長は約10mm

成虫の体長は5.5〜10mm
しわざのヌシ

幼　蛹　成

産卵

成虫は産卵の際に触角で、どんぐりの状態をていねいに調べたあと、殻斗に場所を定め、口吻のつけ根まで深く穴を穿つ。そして体を反転させると尻の産卵管を差し込み産卵する。このときに産卵管を通る卵を確認できる。産卵後は口吻を使って産卵穴を削りかすで塞ぐ

殻斗に1か所、産卵痕（矢印）が残る

地面や崖で見つかる虫のしわざ

コラム / ## ハイイロチョッキリとコナラシギゾウムシの幼虫の区別点

ハイイロチョッキリ　コナラシギゾウムシ　　　ハイイロチョッキリ　コナラシギゾウムシ

形状くらべ
ハイイロチョッキリの頭部は大半が白色で、胴部にめり込んでいるが、コナラシギゾウムシでは、赤茶色で大きい

フンくらべ
ハイイロチョッキリのフンは紐状でそれが崩れてパラパラの粉状。コナラシギゾウムシのフンは、きめの細かい粉が固形状にかたまっている

幼　蛹　成

地面や崖で見つかる虫のしわざ

巣袋【ジグモ】

👀 1年中　🐛 北海道～九州

樹木の根元や岩などに、伸びあがるようにできた長い袋状の巣。土の地面であれば街中にも多く見られ、建物の壁際、石垣などにも見つかる。長いものでは20cmくらいまでになる。巣の表面には土粒がついていて、糸は上端部以外では、ほとんど見えない。昔、ジグモ釣りは子供たちの野遊びのひとつでもあった。

巣袋の上を、虫などの獲物が這ったり、触れたりすると、巣内部から網越しに獲物にかみつく（6月）

クモ目 ジグモ科
ジグモ
Atypus karschi

袋状の巣の半分は地中に埋まっており、ふだん、ジグモは地中の巣内に潜んでいる。こよりで軽く巣を叩き、獲物と勘違いしてあがって来たタイミングで巣袋を摘まみ、上方に追い込むと、ジグモの生け捕りができる。

成体は体長10～20mm。ジグモのメスと子グモ（12月）

巣【ヒザブトヒメグモ】

👀 5月～10月　📍本州～九州

土の崖、岩棚、樹木の根元など、雨がかからない場所にぶら下がっている巣。その様子はまるで「吊り鐘」。近づいてよく見れば、巣と地面の間にも数本の糸が張ってある。

クモ目 ヒメグモ科
ヒザブトヒメグモ
Achaearanea ferrumequinum

吊り鐘巣は土粒を糸で固めたもので、中の空洞にクモがいて、獲物が糸にかかるのを待っている。

成　しわざのヌシ　成体は体長2.5〜3.5mm

巣【キムラグモ】

👀 1年中　📍九州（南部）

林道や林内の崖地に、円形の蓋のある地下トンネル型巣。蓋は巧妙に偽装されており、通常はなかなか見つからない。目が慣れてくると、蓋の輪郭を見破れるようになるが、いずれにせよ探し出すには少し時間が必要。

クモ目 ハラフシグモ科
キムラグモ
Heptathela kimurai

九州南部にはキムラグモ属5種がいる。この仲間は、腹部に体節の跡がある原始的なクモで、「生きている化石」ともいわれる。

キムラグモの巣の蓋。クモは蓋の裏側にいた（8月）

地面や崖で見つかる虫のしわざ

観音開きの蓋

クモ目カネコトタテグモ科
カネコトタテグモ
Antrodiaetus roretzi

カネコトタテグモの巣

カネコトタテグモの巣の蓋。観音開きになっている（3月）

成　しわざのヌシ　成体は体長8〜14mm

 幼 蛹
 成

幼虫の羽化穴【セミ類】

👀 1年中（新しいものは7月～9月）

神社の境内、登山道、公園の植え込みなど、地面が露出している場所では、セミの幼虫が抜け出た穴が残っていて、見つけやすい。樹上で元気に鳴くセミとは別に、地面の穴にも注目してみよう。穴は長く残るが夏～秋が観察に向いている。

地面や崖で見つかる虫のしわざ

羽化当夜、午後6時に地面のすぐ下で待機するアブラゼミ幼虫（8月）

クマゼミ ×1
アブラゼミ ×1
ツクツクボウシ ×1

ニイニイゼミ
掘った土が地面に盛り上がりできた「セミの塔」（6月）

幼・蛹・成

ミミズの塔
ナガミミズ目フトミミズ科
フトミミズ類
Megascolecidae

フトミミズ類は夜、地面の穴から泥のフンをする。フンの塊の大きさや形が、セミの塔によく似ている（6月）

セミの羽化殻コレクション

セミの幼虫は地下生活から抜け出すと、羽化して地上での生活をはじめる。羽化の際にはかならず安定した足場となる枝や幹、岩などに体を定位する。羽化殻はほとんどの場合、その場に残る。羽化殻でセミの種類（性別も）がわかるので、どういった環境で、どんなセミがどのくらいの数、生息しているのかといった、セミの実態調査もできる。身近な場所のセミ分布地図も作れる。

地面や崖で見つかる虫のしわざ

♪オーシーツクツク

♪ジージリジリ

♪ミーンミンミン

ツクツクボウシ
Meimuna opalifera
7〜10月。林の低い下草に多い

アブラゼミ
Graptopsaltria nigrofuscata
7〜10月。ケヤキやサクラのある公園に多い

ミンミンゼミ
Hyalessa maculaticollis
7〜10月。西日本では山地に多い

羽化殻は ×1 すべてカメムシ目セミ科

ニイニイゼミ
Platypleura kaempferi
6〜9月。低い木や草に多い

ヒグラシ
Tanna japonensis
6〜9月。薄暗い林の中に多い

クマゼミ
Cryptotympana facialis
7〜9月。木がまばらに生え、地面が乾燥した林に多い

幼 蛹 成

♪チィーーーー

♪カナカナカナ

♪シャワシャワ シャワ〜

産卵痕【ムカシトンボ】

👀 4月〜7月　📍北海道〜九州

　山地や丘陵地の源流で、岩についたジャゴケなど苔類の表面に規則正しく並んだ、白っぽい産卵痕。樹林に覆われ、昼間でも薄暗いような源流にムカシトンボのメスが飛来し、産卵場所を確認する低飛翔を何度もくり返したのち、コケに着地して産卵をはじめる。産卵はフキやワサビなどの茎にも行われ、その場合、産卵痕は茶褐色となる。

産卵痕
ジャゴケの組織内に産卵された卵が白く透けて見える（4月）

組織内の卵

水辺で見つかる虫のしわざ

幼 蛹 成

トンボ目 ムカシトンボ科
ムカシトンボ
Epiophlebia superstes

成　ジャゴケに産卵するメス（4月）

　体長約50mm。年1回、春早くに現れる渓流のトンボ。ヤゴの期間は長く、5〜8年。羽化の1か月前には上陸し、石などの下で待機する。

しわざのヌシ

産卵痕
けものの足跡のように、2列に並ぶ
（6月）

産卵痕
【クロスジギンヤンマ】

👀 5月〜9月
🐛 北海道（南端）〜九州・奄美大島

　周囲に樹林があり、浮葉植物が繁茂する池や沼で見つかる産卵痕。スイレンなどの葉の裏側や表側に、多数の裂穴が並ぶ。成虫は体長71〜81mm。

トンボ目 ヤンマ科
クロスジギンヤンマ
Anax nigrofasciatus

　体長約80mm。4月頃から現れ8月、あるいは暖地では10月頃まで見られる。ヤゴの期間は半年〜1年程度。

河原のタデ類の葉で見つかった幼虫の巣（10月）

幼虫の巣
【タデキボシホソガ】

👀 6月〜10月　🐛 北海道〜九州

　水辺のタデ類やギシギシの葉の縁に切れ目が入り、円錐形に葉が巻かれている。中で幼虫が葉を食べて成長し、やがて成熟すると巣内で繭を紡ぐ。若齢幼虫期は、葉裏から潜入しマインを作る。

チョウ目 ホソガ科
タデキボシホソガ
Calybites phasianipennella

6月〜11月、年2〜3回発生。翅の色彩が違う、夏型と秋型があり、その中間型も現れる。

体長5〜7mm。巣内の幼虫

開帳7〜11mm。写真の個体は秋型（11月）

水辺で見つかる虫のしわざ

幼・蛹・成

幼虫の巣
葉を2枚合わせて作る。長さ約2cm（6月）

幼虫の巣（左）と、葉を切り抜いた痕（6月）

幼虫の食痕
葉の両面から食べるので、貫通して穴になる（6月）

幼虫の巣・食痕
【マダラミズメイガ】

6月〜9月　北海道〜九州

　池や沼のヒツジグサ、スイレンなどの葉に、楕円形に切り抜いた痕がいくつも見つかる。その近くに、葉の切片も見つかる。切片はよく見ていると、時々、動く。切片は2枚重ねで、隙間が幼虫の巣。幼虫は頭胸部をのり出して巣ごと移動する。葉の縁には茶褐色の食痕もある。

チョウ目 ツトガ科
マダラミズメイガ
Elophila interruptalis

年2回、6月〜7月と8月〜9月に発生。葉裏に産卵し、ふ化した幼虫は葉内に潜入。2齢以降は巣を作る。葉に固着させた巣内で繭を紡ぐ。

しわざのヌシ
終齢幼虫は体長約20mm（7月）

開帳25〜35mm。羽化直後

幼虫の巣

幼虫が巣材として切り取った痕（8月）

水辺で見つかる虫のしわざ

幼虫の食痕
幼虫がかたい葉脈だけを食べ残す（8月）

幼虫の巣・食痕
【コバントビケラの一種】

1年中　本州〜九州

流れが緩やかな川、池、沼などの水底に沈殿している落ち葉の間に、「小判型」の巣が見つかる。落ち葉には、ハサミで切り取ったような痕も残っている。巣は大小の葉切片2枚が重なったもので、片方にV字型の切れ込みがある。

トビケラ目 アシエダトビケラ科
コバントビケラの一種
Anisocentropus sp.

コバントビケラは数種いて、識別は難しい。幼虫の巣は成長にともない大きくなり、最大で長さ30mmほどになる。

しわざのヌシ

水底に巣を固着させて蛹化し、羽化は水面に浮上して行う

神社の縁側に営巣（12月）

作りはじめの育児室はとっくり型（10月）

採土場所で泥色が違う（8月）

営巣場所の形に柔軟に適応（11月）

人工物で見つかる虫のしわざ

泥巣【スズバチ】

👀 1年中　🗾 北海道〜九州

　建造物の雨の当たらない壁面、柱、ガードレールなどで、半球型の泥巣をよく見かける。大きさは長径8〜10cmほど。泥が厚塗りされていて、とても強固で素手では外せない。自然木の枝では、ほぼ球状となる。

ハチ目 ドロバチ科
スズバチ
Oreumenes decoratus

　体長18〜30mm。水を吐き戻し、土で泥を練る。営巣初期は神経質で、しばしば放棄する。

成

しわざのヌシ

ガの幼虫を獲物にする狩りバチ

壁に残った泥巣の残がい

育児室は6〜10個（4月）

ボケの幹で営巣した（9月）

幼 蛹 成

泥巣【ミカドドロバチ】

👀 1年中　🐛 北海道〜沖縄

　朽ち木の穴、竹筒、すだれなどで営巣し、出入り口を泥で蓋をする。すだれだと、多数の泥蓋が並ぶ。穴の直径は4〜8mm。獲物はガ類の幼虫を狩る。

穴の直径は4mm以上のものを選ぶ（8月）

ハチ目 ドロバチ科
ミカドドロバチ
Euodynerus nipanicus

　体長7〜14mmと小さな泥バチ。6月〜9月、主に真夏に活動する。巣の中は泥壁で仕切る。

成　しわざのヌシ

泥巣【オオフタオビドロバチ】

👀 1年中　🐛 北海道〜沖縄

　竹筒などの切り口が泥で塞がる。完成直後は黒く濡れているが、乾燥すると灰色や白となる。畑の作物柵に使われた竹筒などでよく見かける。家屋の外壁の隙間なども利用する。

完成間近の巣。獲物と糸で吊り下げた卵が見える（7月）

ハチ目 ドロバチ科
オオフタオビドロバチ
Anterhynchium flavomarginatum

　体長16〜18mm。5月〜9月に活動する。ハマキガやメイガ類の幼虫を狩り、巣内に貯えた後で産卵し、泥壁で仕切る。ミカドドロバチの泥巣の直径に比べ、本種は11〜13mmと大きい。

成　しわざのヌシ

巣材の泥玉を持ち帰ったメス

139

人工物で見つかる虫のしわざ

灯籠に作られた泥巣

泥巣【エントツドロバチ】

👀 6月〜9月　📍本州〜九州

樹木の洞、建物の壁の隙間、石塔など、雨がしのげる場所で、下向きの煙突状の出入り口が目を引く。この煙突状の管が本種の泥巣の特徴。竹筒の片方に節を残して20cmほどに切りそろえ、軒下などに置いておくと営巣する。

竹筒に作られた泥巣

ハチ目 ドロバチ科
エントツドロバチ
Orancistrocerus drewseni

5月末〜9月まで活動する。幼虫の成長に合わせて、ハマキガやメイガ類の幼虫を、泥巣の育児室に運ぶ「随時給餌」を行う。古巣に煙突が残ることもある。

成　しわざのヌシ
体長16〜18mm

幼　蛹　成

径2cmの竹筒に営巣した。繭が3個入っている（6月）

育児巣【コクロアナバチ】

🥚 6月〜9月　🐛 北海道〜沖縄

　竹筒や朽ち木の狭い空洞から、無造作に詰め込まれた枯れ草がはみ出す。これはコクロアナバチの育児室の蓋。

ハチ目 アナバチ科
コクロアナバチ
Isodontia nigella

　ササキリなどキリギリス類を狩り、幼虫の餌とする。育児室は枯れ草などで緩く仕切る。

成　しわざのヌシ
体長19〜22mm

繭と蛹
繭の中で蛹になっていた

庭のホースにも営巣した（8月）

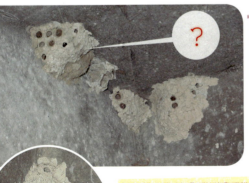

泥巣【キゴシジガバチ】

🥚 1年中　🐛 本州〜沖縄

　家屋のひさし、橋の下、排水溝の天井など、雨のかからない場所に営巣。古い巣では、羽脱穴が多数開いている。窓を開け放していると、部屋の天井に営巣することもあるが、刺されることはない。

ハチ目 アナバチ科
キゴシジガバチ
Sceliphron madraspatanum

体長20〜28mm。長く黄色い腹柄が特徴。クモを専門に狩る。

古い巣
泥巣に空いた穴は羽脱孔

成　しわざのヌシ
ヤブガラシで吸蜜する成虫（8月）

人工物で見つかる虫のしわざ

索引

本書に登場する動植物名を五十音順に配列。太字は本書で詳しく紹介した種、細字は写真のみ紹介した種。緑色字は虫のしわざを見つける際に目安となる主な植物。

ア
- **アオスジアオリンガ** ・・・・・・・・・・・・・・・ 5
- **アオバセセリ** ・・・・・・・・・・・・・・・・・・・ 82
- **アオバネサルハムシ** ・・・・・・・・・・・・・ 32
- アオマツムシ ・・・・・・・・・・・・・・・・・・・ 102
- **アカタテハ** ・・・・・・・・・・・・・・・・・・・・・ 26
- アカメガシワ ・・・・・・・・・・・・・・・・・・・ 92
- アサギマダラ ・・・・・・・・・・・・・・・・・・・ 36
- アズマネザサ ・・・・・・・ 45・46・48・51・52・54・55・56
- アブラゼミ ・・・・・・・・・・・・・・・・・・・・ 132
- **アワノメイガ** ・・・・・・・・・・・・・・・・・・・ 44
- アワブキ ・・・・・・・・・・・・・・・・・・・ 80・82
- **イシガケチョウ** ・・・・・・・・・・・・・・・・ 123
- **イタヤハマキチョッキリ** ・・・・・・・・・・・ 77
- **イチモンジカメノコハムシ** ・・・・・・・・・ 84
- **イチモンジチョウ** ・・・・・・・・・・・・・・ 122
- イッシキトゲハムシ→タケトゲハムシ ・・・ 50
- イヌビワ ・・・・・・・・・・・・・・・ 94・96・123
- イヌホオズキ ・・・・・・・・・・・・・・・・・・・ 37
- ウシヅラヒゲナガゾウムシ→エゴヒゲナガゾウムシ ・・・ 106
- **ウスイロカザリバ** ・・・・・・・・・・・・・・・ 52
- ウメ ・・・・・・・・・・・・・・・・・・・・・・・・ 120
- **ウメチビタマムシ** ・・・・・・・・・・・・・・ 120
- ウラギンシジミ ・・・・・・・・・・・・・・・・・ 22
- **エゴツルクビオトシブミ** ・・・・・・・・・・・ 68
- エゴノキ ・・・・・・・・・・・・・・・・・・・・・ 106
- **エゴヒゲナガゾウムシ** ・・・・・・・・・・・ 106
- **エントツドロバチ** ・・・・・・・・・・・・・・ 140
- オオスカシバ ・・・・・・・・・・・・・・・・・・・ 4
- **オオフタオビドロバチ** ・・・・・・・・・・・ 139
- オオモモブトスカシバ ・・・・・・・・・・・・ 104
- **オジロアシナガゾウムシ** ・・・・・・・・・・ 20

カ
- **カエデ類** ・・・・・・・・・・・・・・・・・・・・・ 77
- カキノキ ・・・・・・・・・・・・・・・・・・・・・ 121
- カキノヘタムシガ ・・・・・・・・・・・・・・ 121
- カタバミ ・・・・・・・・・・・・・・・・・・・・・ 30
- **カタビロトゲハムシ** ・・・・・・・・・・・・・・ 87
- カナムグラ ・・・・・・・・・・・・・・・・・・・・ 42
- カネコトタテグモ ・・・・・・・・・・・・・・ 131
- カブトムシ ・・・・・・・・・・・・・・・・・・・・・ 4
- ガマズミ ・・・・・・・・・・・・・・・・・ 63・110
- ガマズミミケフシ（虫こぶ）・・・・・・・ 63
- カメノコハムシ ・・・・・・・・・・・・・・・・・ 5
- カラスウリ ・・・・・・・・・・・・・・ 37・38・104
- **カラムシ** ・・・・・・・・・・・・・・・ 24・25・26
- キカラスウリ ・・・・・・・・・・・・・ 37・38・104
- キカラスウリツルフクレフシ（虫こぶ）・・・ 104
- **キクスイカミキリ** ・・・・・・・・・・・・・・・ 35
- **キゴシジガバチ** ・・・・・・・・・・・・・・・ 141
- ギシギシ ・・・・・・・・・・・・・・・・ 28・29・135
- キジョラン ・・・・・・・・・・・・・・・・・・・・ 36
- キタキチョウ ・・・・・・・・・・・・・・・・・・・ 4
- キタテハ ・・・・・・・・・・・・・・・・・・・・・ 42
- キバラルリクビボソハムシ ・・・・・・・・ 38
- **キボシカミキリ** ・・・・・・・・・・・・・・・・・ 96
- キムラグモ ・・・・・・・・・・・・・・・・・・ 131
- キンケノミゾウムシ ・・・・・・・・・・・・・ 74
- **クズ** ・・・・・・・・ 12・13・14・16・17・18・20・22
- クズクキツトフシ（虫こぶ）・・・・・・・ 20
- **クズノチビタマムシ** ・・・・・・・・・・・・・・ 14
- クヌギ ・・・・・・・ 60・69・71・72・73・74・77・78・86・87・92・98・108
- **クヌギキモンハムグリ** ・・・・・・・・・・・ 72
- クヌギクチナガオオアブラムシ ・・・・ 61

（右列）
- クヌギシギゾウムシ ・・・・・・・・・・・・・・・ 5
- **クマゼミ** ・・・・・・・・・・・・・・・・・ 4・132
- **クマバチ** ・・・・・・・・・・・・・・・・・・・・ 100
- クリ ・・・・・・・・・・・・・・・・・・・ 69・74・77
- クリタマバチの一種 ・・・・・・・・・・・・・・ 5
- クリメコブズイフシ（虫こぶ）・・・・・・・ 5
- クロウリハムシ ・・・・・・・・・・・・・・・・・ 38
- **クロスジギンヤンマ** ・・・・・・・・・・・・ 135
- クロヒカゲ ・・・・・・・・・・・・・・・・・・・・ 48
- **クワカミキリ** ・・・・・・・・・・・・・・・・・・ 94
- コイチャコガネ ・・・・・・・・・・・・・・・・・ 4
- **コウモリガ** ・・・・・・・・・・・・・・・・・・・ 92
- コガタスズメバチ ・・・・・・・・・・・・・・・ 4
- **コガタルリハムシ** ・・・・・・・・・・・・・・・ 29
- **コクロアナバチ** ・・・・・・・・・・・・・・・ 141
- コクワガタ ・・・・・・・・・・・・・・・・・・・・ 5
- **コチャバネセセリ** ・・・・・・・・・・・・・・・ 46
- コナラ ・・・・・ 60・69・71・72・77・78・86・87・126・128
- **コナライクビチョッキリ** ・・・・・・・・・・・ 77
- **コナラシギゾウムシ** ・・・・・・・・・・・・ 128
- コバネコロギス ・・・・・・・・・・・・・・・ 117
- コバントビケラの一種 ・・・・・・・・・・ 137
- **コフキゾウムシ** ・・・・・・・・・・・・・・・・ 13
- ゴマダラオトシブミ ・・・・・・・・・・・・・ 69
- ゴマフボクトウ ・・・・・・・・・・・・・・・・ 99
- コミスジ ・・・・・・・・・・・・・・・・・・・・・ 18

サ
- **サクラキバガ** ・・・・・・・・・・・・・・・・・ 60
- サクラコブアブラムシ ・・・・・・・・・・・ 62
- サクラハチヂミフシ（虫こぶ）・・・・ 62
- サクラハトサカフシ（虫こぶ）・・・・ 62
- サクラハマキフシ（虫こぶ）・・・・・・ 62
- サクラフシアブラムシ ・・・・・・・・・・・ 62
- サクラ類 ・・・・・・・・・・・・・ 60・62・64・66
- サトイモ ・・・・・・・・・・・・・・・・・・・・・ 39
- **サトクダマキモドキ** ・・・・・・・・・・・・ 103
- サラサリンガ ・・・・・・・・・・・・・・・・・・ 78
- サルトリイバラ ・・・・・・・・・・・・ 114・115
- サルトリイバラシロハモグリ ・・・・・ 115
- サンゴジュ ・・・・・・・・・・・・・・・・・・ 110
- **サンゴジュハムシ** ・・・・・・・・・・・・・ 110
- ジグモ ・・・・・・・・・・・・・・・・・・・・・ 130
- ジャガイモ ・・・・・・・・・・・・・・・・・・・ 37
- ジュズダマ ・・・・・・・・・・・・・・・・・・・ 44
- シリブカガシ ・・・・・・・・・・・・・・・・・ 70
- シロオビアワフキ ・・・・・・・・・・・・・・・ 4
- シロコブゾウムシ ・・・・・・・・・・・・・・ 12
- **シロスジカミキリ** ・・・・・・・・・・・・・ 108
- スイカズラ ・・・・・・・・・・・・・・・ 119・122
- スイバ ・・・・・・・・・・・・・・・・・・・ 28・29
- **スズバチ** ・・・・・・・・・・・・・・・・・・・ 138
- **スミナガシ** ・・・・・・・・・・・・・・・・・・ 80
- セイヨウベニカナメモチ ・・・・・・・・ 118
- セスジスズメ ・・・・・・・・・・・・・・・・・ 39
- セスジノメイガ ・・・・・・・・・・・・・・・・ 55
- **センノカミキリ** ・・・・・・・・・・・・・・・・ 95

タ
- **ダイミョウセセリ** ・・・・・・・・・・・・・・・ 40
- **タケトゲハムシ** ・・・・・・・・・・・・・・・・ 50
- タケトラカミキリ ・・・・・・・・・・・・ 5・59
- タケノホソクロバ ・・・・・・・・・・・・・・・ 51
- **タデキボシホソガ** ・・・・・・・・・・・・・ 135
- タデ類 ・・・・・・・・・・・・・・・・・・・・・ 135
- タブウスフシタマバエ ・・・・・・・・・・・ 63
- タブノキ ・・・・・・・・・・・・・・・・ 63・124

142

タブノキハウラウスフシ（虫こぶ）	・・・・・・	63
タブノキハマキホソガ	・・・・・・・	124
タラノキ	・・・・・・・	95
ダンダラテントウムシ	・・・・・・・	86
チャドクガ	・・・・・・・	89
ツクツクボウシ	・・・・・・・	132
ツチイナゴ	・・・・・・・	17・45
ツツジグンバイ	・・・・・・・	85
ツツジ類	・・・・・・・	85・99・105
ツバキ	・・・・・・・	89
ツマグロオオヨコバイ	・・・・・・・	5
ツユクサ	・・・・・・・	38
トウモロコシ	・・・・・・・	44
トガリハチガタハバチ	・・・・・・・	115
トビイロケアリ	・・・・・・・	5・61
トホシテントウ	・・・・・・・	37
ナ ナガゼンマイハバチ	・・・・・・・	4
ナス	・・・・・・・	37
ナラメリンゴフシ（虫こぶ）	・・・・・・・	63
ニイニイゼミ	・・・・・・・	132
ニジュウヤホシテントウ	・・・・・・・	37
ニセヒメクモヘリカメムシ	・・・・・・・	45
ニセリンゴカミキリ	・・・・・・・	119
ニホンジカ	・・・・・・・	49
ニホンホホビロコメツキモドキ	・・・・・・・	56
ヌルデ	・・・・・・・	77・112
ノブドウ	・・・・・・・	63・76
ノブドウミタマバエ	・・・・・・・	63
ノブドウミフクレフシ（虫こぶ）	・・・・・・・	63
ハ ハイイロチョッキリ	・・・・・・・	126・129
ハエ類	・・・・・・・	17
ハスバハマキホソガ	・・・・・・・	73
ハナカイドウ	・・・・・・・	118
ハネナシコロギス	・・・・・・・	116
バラハキリバチ	・・・・・・・	90
ハンノキ	・・・・・・・	81
ハンミョウ	・・・・・・・	4
ヒグラシ	・・・・・・・	133
ヒサカキ	・・・・・・・	88
ヒサゴクサキリ	・・・・・・・	54
ヒザブトヒメグモ	・・・・・・・	131
ヒメアカタテハ	・・・・・・・	34
ヒメアトスカシバ	・・・・・・・	105
ヒメカギバアオシャク	・・・・・・・	71
ヒメクロオトシブミ	・・・・・・・	69
ヒメコガネ	・・・・・・・	16
ヒモワタカイガラムシ	・・・・・・・	5

ヒラアシキバチ	・・・・・・・	101
ヒラズゲンセイ	・・・・・・・	100
ヒラタミズク	・・・・・・・	113
フクラスズメ	・・・・・・・	24
ブドウハマキチョッキリ	・・・・・・・	76
フトミミズ類	・・・・・・・	132
ブライヤハマキ	・・・・・・・	60
ヘクソカズラ	・・・・・・・	69・105
ヘクソカズラツルフシ（虫こぶ）	・・・・・・・	105
ベニカミキリ	・・・・・・・	58
ベニシジミ	・・・・・・・	28
ヘリグロテントウノミハムシ	・・・・・・・	4
ホオアカオサゾウムシ	・・・・・・・	45
ホタルガ	・・・・・・・	88
ホテイチク	・・・・・	45・46・48・51・52・54・55・56
ホホジロアシナガゾウムシ	・・・・・・・	112
マ マダラミズメイガ	・・・・・・・	136
マテバシイ	・・・・・・・	70
ミカドドロバチ	・・・・・・・	139
ミカンハモグリガ	・・・・・・・	4
ミドリシジミ	・・・・・・・	81
ミヤマカミキリ	・・・・・・・	98
ミンミンゼミ	・・・・・・・	133
ムカシトンボ	・・・・・・・	134
ムネアカアワフキ	・・・・・・・	66
ムラサキツバメ	・・・・・・・	70
メダケ	・・・・	45・46・48・51・52・54・55・56・
モウソウチク	・・・・・・・	58・59
モクタチバナ	・・・・・・・	113
モンシロチョウ	・・・・・・・	3
モンクロシャチホコ	・・・・・・・	4
ヤ ヤナギ類	・・・・・・・	94・108
ヤブムラサキ	・・・・・・・	84
ヤマグワ	・・・・・・・	94・96
ヤマトコマチグモ	・・・・・・・	4
ヤマトシジミ	・・・・・・・	30
ヤマノイモ	・・・・・・・	40
ヤマビワ	・・・・・・・	80・82
ヨモギ	・・・・・・・	32・33・34・35
ヨモギエボシタマバエ	・・・・・・・	33
ヨモギハエボシフシ（虫こぶ）	・・・・・・・	33
ヨモギハシロケタマフシ（虫こぶ）	・・・・・・・	33
ラ ラミーカミキリ	・・・・・・・	25
リンゴカミキリ	・・・・・・・	64
ルリカミキリ	・・・・・・・	118
ルリタテハ	・・・・・・・	114

参考文献

『日本動物大百科・昆虫（Ⅰ～Ⅲ）』（平凡社）
『日本農業害虫大事典』（全国農村教育協会）
『日本原色虫えい図鑑』（全国農村教育協会）
『日本原色カメムシ図鑑（1～3巻）』（全国農村教育協会）
『原色川虫図鑑』（全国農村教育協会）
『原色日本蛾類幼虫図鑑（上・下）』（保育社）
『原色日本蝶類生態図鑑（Ⅰ～Ⅳ）』（保育社）
『原色日本甲虫図鑑（Ⅰ～Ⅳ）』（保育社）
『原色日本昆虫図鑑（下）』（保育社）
『検索入門 セミ・バッタ』（保育社）
『人里の植物（Ⅰ・Ⅱ）』（保育社）
『日本産幼虫図鑑』（学研教育出版）
『日本産蛾類標準図鑑（Ⅲ・Ⅳ）』（学研教育出版）
『日本産カミキリムシ』（東海大学出版会）
『日本産ハムシ類幼虫・成虫分類図鑑』（東海大学出版会）
『バッタ・コオロギ・キリギリス生態図鑑』（北海道大学出版会）
『札幌の昆虫』（北海道大学出版会）
『昆虫の図鑑採集と標本の作り方』（南方新社）
『絵かき虫の生物学』（北隆館）
『自然観察者の手記』（朝日新聞社）

『週刊朝日百科 植物の世界』（朝日新聞社）
『葉で見わける樹木』（小学館）
『色で見分け五感で楽しむ 野草図鑑』（ナツメ社）
『クモの巣図鑑』（偕成社）
『くもんの図鑑「日本の昆虫」第5巻 ハチ・アリ』（くもん出版）
『見ながら学習 調べてなっとく ずかん さなぎ』（技術評論社）
『Dr. 夏秋の臨床図鑑 虫と皮膚炎』（秀潤社）
『日本の樹木』（山と渓谷社）
『足跡は語る』（思索社）
『ハムシハンドブック』（文一総合出版）
『ハチハンドブック』（文一総合出版）
『虫こぶハンドブック』（文一総合出版）
『虫の卵ハンドブック』（文一総合出版）
『日本のクモ』（文一総合出版）
『日本のトンボ』（文一総合出版）
ヒラタミズクの産卵痕について『月刊むし No.532,June 2015』
八木真紀子
キンケノミゾウムシの跳ねるマイン『月刊むし No.499,Sept 2012』
伊藤年一

著者●新開 孝（しんかい たかし）

昆虫写真家。1958年、愛媛県生まれ。国立愛媛大学農学部にて昆虫学を専攻。卒業後に上京し、教育映画の演出助手などを経て、フリーの昆虫写真家として独立する。2007年より東京を離れ、宮崎県三股町に移り住む。昆虫の多様で不思議な生態や形態を掘り下げ、独自の視点から撮影を続けるほか、様々な動植物にも目を向け、生きものたちの繋がりを観察、撮影する。主な著書に、『虫たちのふしぎ』（福音館書店）、『ぜんぶわかる！ カイコ』『わたしは カメムシ』（以上、ポプラ社）、『うまれたよ！ セミ』『ぼくは昆虫カメラマン 小さな命を見つめて』（以上、岩崎書店）など多数ある。

編集●阿部浩志（ルーラル･コチョウ工房）
デザイン●西山克之（ニシ工芸株式会社）

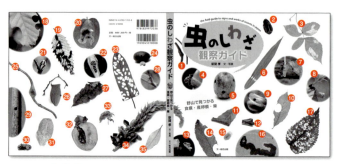

❶オジロアシナガゾウムシ ❷・❶❺・❶❾コバントビケラの一種 ❸モグリチビガの一種 ❹・❷❹コナラシギゾウムシ ❺クヌギシギゾウムシ ❻ミシン穴はコラム(p.45)を参照 ❼エントツドロバチ ❽ヒメクロオトシブミ ❾・❸❹ウラギンシジミ ❿・❶❹エグリトビケラ ⓫ハスオビハマキホソガ ⓬・⓭・⓲バラハキリバチ ⓰クズノチビタマムシ ⓱フクラスズメ ⓴サルトリイバラシロハモグリ ㉑イラガ ㉒アオバセセリ ㉓ヨツモンカメノコハムシ ㉕ヒメアトスカシバ ㉖ウスタビガ ㉗サラサリンガ ㉘ツチイナゴ ㉙ニホンホホビロコメツキモドキ ㉚トビケラの一種 ㉛オオカマキリ ㉜カキノヘタムシガ ㉝アブラゼミ ㉟ミカンハモグリガ

協力●相田作子・天野和利・伊藤研・伊藤知紗・伊藤年一・愛媛大学ミュージアム・吉富博之・尾園暁・行徳直久・酒井春彦・佐藤浩一・鈴木知之・武田晋一・筒井学・豊島治朗・中瀬潤・仲瀬猛彦・永幡嘉之・西本晋也・藤丸篤夫・森上信夫・八木真紀子

虫のしわざ観察ガイド 野山で見つかる食痕・産卵痕・巣

2016年2月12日　初版第1刷発行
2016年5月5日　初版第2刷発行

著　者●新開 孝
発行者●斉藤 博
発行所●株式会社 文一総合出版
　　　　〒162-0812 東京都新宿区西五軒町2-5川上ビル
　　　　tel.03-3235-7341（営業）、03-3235-7342（編集）
　　　　fax.03-3269-1402
　　　　HP: http://www.bun-ichi.co.jp
振　替●00120-5-42149
印　刷●奥村印刷株式会社

乱丁・落丁本はお取り替え致します。
© Takashi Shinkai 2016　Printed in Japan
ISBN978-4-8299-7203-8　NDC486　144ページ　A5 (140×210mm)

JCOPY 〈(社)出版者著作権管理機構 委託出版物〉

本書の無断複写は著作権法上での例外を除き禁じられています。複写される場合は、そのつど事前に、(社)出版者著作権管理機構（tel.03-3513-6969、fax.03-3513-6979、e-mail:info@jcopy.or.jp）の許諾を得てください。

ハチ目 スズメバチ科
フタモンアシナガバチ
Polistes chinensis

ハチ目 スズメバチ科
ムモンホソアシナガバチ
Parapolybia indi

ハチ目 スズメバチ科
キボシアシナガバチ
Polistes nipponensis

ハチの巣コレクション

　植物繊維と唾液を混ぜて練った素材の巣部屋は、狭い空間にもっとも無駄なく育児室を配置できる六角形。単独メスで営巣を行うドロバチ類では、水と土を練り合わせた泥材で、見事な泥巣を作る。どんな場所に営巣するのか、冬の空き巣探しは夏の観察の手がかりになるだろう。

ハチ目 ドロバチ科
キアシトックリバチ
Eumenes rubrofemorat

ハチ目 ドロバチ科
キボシトックリバチ
Eumenes fraterculus

ハチ目 スズメバチ科
コアシナガバチ
Polistes snelleni

ハチ目 クモバチ科
ヒメクモバチ
Auplopus carbonari